U0887914

消防类专业
创新融合系列教材

森林草原火灾扑救想定作业

SENLIN CAOYUAN
HUOZAI PUJIU
XIANGDING ZUOYE

赵丽娜　主编
毛浥霖　马怀宇　副主编

化学工业出版社
·北京·

内容简介

本教材讲述了森林草原火灾扑救想定作业概述，并按照东北地区、华北地区、华东地区、华南地区、西南地区、西北地区展开讲述了森林草原火灾扑救想定作业的具体内容。教材中简化复杂理论、聚焦基础指挥环节，搭建了“理论—场景—实操”的衔接桥梁，在贴近初级指挥岗位的火场想定中，提升锻炼了能力。

本教材可供高等院校消防指挥、森林防火等专业教学使用，以及基层初级指挥人员、地方专业队和半专业队人员教育培训使用，也可以作为相关消防工程技术人员的参考资料。

图书在版编目（CIP）数据

森林草原火灾扑救想定作业 / 赵丽娜主编. -- 北京 : 化学工业出版社, 2026. 1. -- （消防类专业创新融合系列教材）. -- ISBN 978-7-122-49360-6

Ⅰ. S762. 3; S812. 6

中国国家版本馆 CIP 数据核字第 20255ZP713 号

责任编辑：韩庆利　　文字编辑：吴开亮

责任校对：田睿涵　　装帧设计：刘丽华

出版发行：化学工业出版社

（北京市东城区青年湖南街 13 号　邮政编码 100011）

印　　装：大厂回族自治县聚鑫印刷有限责任公司

787mm×1092mm　1/16　印张 9　字数 174 千字

2026 年 3 月北京第 1 版第 1 次印刷

购书咨询：010-64518888　　售后服务：010-64518899

网　　址：http://www.cip.com.cn

凡购买本书，如有缺损质量问题，本社销售中心负责调换。

定　　价：49.00 元

版权所有　违者必究

前言

森林是生态系统的核心之一，是维系生态安全、保障生物多样性的重要屏障。然而受全球气候变暖、极端天气频发及人为活动影响，近年来我国森林火灾呈现出“突发性增强、蔓延速度加快、扑救难度加大”的态势，对国家综合性消防队伍实战能力提出了更高的要求。传统的理论教学与零散的战例学习，往往难以模拟火场瞬息万变的真实场景。为进一步满足消防救援人员教育培训发展新需求，在认真听取各方意见、实地调研及参考国内同类优秀教材的基础上，国家消防救援局昆明训练总队组织相关人员聚焦“想定作业”这一核心训练手段，编写了《森林草原火灾扑救想定作业》一书。

本教材的编写围绕“初级指挥人才灭火指挥能力培养”核心目标，通过简化复杂理论、聚焦基础指挥环节，搭建了“理论—场景—实操”的衔接桥梁，在贴近初级指挥岗位的火场想定中，提升锻炼了消防救援指挥人员的灭火指挥能力。本教材可供高等院校消防指挥、森林防火等专业教学使用，以及基层初级指挥人员、地方专业队和半专业队人员教育培训使用，也可以作为相关消防工程技术人员的参考资料。

本教材由赵丽娜担任主编，毛浥霖、马怀宇担任副主编，并负责总体设计、内容界定、编写指导、全面把关等工作，编写人员分工如下：第一章，赵丽娜；第二章，马怀宇；第三章、第四章（一、二），杨双颖；第四章（三）、第五章，毛浥霖；第六章，蒋岚；第七章，刘程。

限于编者学识水平和经验有限，本书难免存在疏漏之处，敬请读者和同行批评指正。

编者

目录

第一章 森林草原火灾扑救想定作业概述

第一章 森林草原火灾扑救想定作业概述

想定作业是在理论学习和战例研究的基础上，通过创设一种火场的景况，描述一场灭火救援作战的过程，把受训人员引入设想的环境，使其运用所学的灭火救援基础理论，对各种火场、各种情况进行分析、综合、比较、概括和抽象，从一种思维形式过渡到另一种思维形式，从而产生决心和确定灭火救援行动方案。因具有实战性、灵活性、综合性和创造性等特点，使得想定作业训练不仅能加深受训人员对灭火救援理论知识的理解，还能提高其分析问题和解决问题的实际能力，初步掌握灭火救援的基本程序和方法，为以后的灭火救援工作打下基础。

第一节 森林草原火灾扑救想定作业的基本概念

一、森林草原火灾扑救想定作业的含义

想定作业是用想定情况引导进行的训练作业的统称。在灭火救援的教学过程中，想定作业是根据设想的情况，正确运用灭火救援理论和原则，进行组织、指挥的研练，以提高受训人员组织、指挥，各力量协同配合能力的一种训练方法。

森林草原火灾是一种突发性强、破坏性大、处置救助较为困难的自然灾害。较之城市火灾，森林火灾受地形、植被、气候等自然因素影响大，因此其发展蔓延规律及危险性具有自身的特殊性。由于森林草原火灾的特殊性，需要采取不同的灭火战术，如开设防火隔离带、航空灭火等。

森林草原火灾扑救想定作业是想定作业的一种，指的是在森林草原发生火灾的情况下，正确运用灭火救援理论和原则，进行森林火灾扑救的研练，以提高受训人

员组织、指挥，各协同力量灭火救援能力的一种训练方法。

森林草原火灾扑救想定作业是一种预先规划和设计的训练活动，它通过模拟特定的森林草原火灾情景，提高受训人员扑救森林草原火灾的能力和效率。森林草原火灾想定作业由想定与作业两部分组成。想定是依照森林草原火灾基本势态、扑救目标和灾害发展情况的设想。作业是根据森林草原火灾的训练课题、目的、扑救力量的装备及人数与火灾特点拟定的，是组织和引导森林草原火灾扑救作业和演习的基本文书。

森林草原火灾扑救想定作业包含两层含义：第一，森林草原火灾扑救想定作业是对森林草原火灾扑救目标和行动的设想，是引导森林草原火灾灭火扑救作业和演习的训练文书，使受训者能在近似实战的情况下，进一步理解和运用森林草原火灾扑救理论和原则，以提高受训者森林草原火灾扑救的实战能力。第二，森林草原火灾扑救想定作业，是根据训练计划，结合森林草原火灾训练课目、目的、问题、时间、方法以及其他一些实际情况等编写的。

笔记

通过对森林草原火灾扑救想定作业概念的分析，我们不难得出森林草原火灾扑救想定作业通常包括以下几个关键组成部分。第一，情景设定。根据可能发生的森林草原火灾的类型和特征，设定一个或多个具体的火灾情景，包括火源、火势、天气条件、地形等。第二，明确目标。确定扑救行动的主要目标，如控制火势蔓延、保护人员安全、减少生态和财产损失等。第三，灭火行动计划。制定详细的扑救步骤和措施，包括火场勘察、战略部署、资源调配、人员疏散等。第四，组织指挥。建立清晰的指挥体系和协调机制，确保火灾扑救行动有序进行，包括各级指挥部的设立和运作。第五，力量准备。根据想定作业的需要，提前准备必要的人力、物力和财力资源，如扑救力量、灭火装备、通信设备等。

二、森林草原火灾扑救想定作业的特点

森林草原火灾扑救想定作业的目的是通过对可能发生的火灾情况进行模拟，提前准备和训练，以便在真实的火灾发生时，能够迅速、有序、有效地进行扑救，最大限度地减少火灾造成的损失。

（一）实战性

森林草原火灾扑救想定作业以典型战例研究为基础，以森林草原灭火需要为出发点，以提高受训人员在森林草原火灾扑救方面的实战能力为目的，尽可能模拟真实火灾的复杂性和不确定性，为受训人员提供一个接近真实的训练环境。无论是在指导思想、内容和目的上，还是在训练的组织形式、方法和手段上，均突出了实战性的特点。

（二）综合性

森林草原火灾扑救想定作业的综合性，一方面是指在想定作业训练的内容上，将森林草原火灾扑救的理论、原则、方法等各种知识融为一体，进行综合训练，以达到为森林草原火灾扑救服务的目的；另一方面则表现在将受训人员与指挥机关、指挥手段和指挥对象、任务和目的内容相结合，学习并掌握基本理论和出现突发情况时的处置方法。通过森林草原火灾扑救想定作业训练，既能提高受训者对理论知识的理解、掌握和运用，还能提高其指挥协调、战术运用等方面的实战水平和应变能力。

（三）灵活性

森林草原火灾扑救想定作业以森林草原火灾发生的实际情况为研究对象，以“具体情况具体对待”为指导思想，不仅要求受训人员以森林草原火灾扑救理论和原则为依据，更要求受训人员在实施中避免生搬硬套。这样的训练方法要求原则性与灵活性的高度统一，提倡思维活跃，倡导多种方案并存，从而体现出森林火灾想定作业具有高度灵活性这一特点。

笔记

（四）创造性

因森林草原火灾蔓延速度快、森林地区往往地形崎岖、森林气候条件多变、森林草原火灾扑救时间长等特点，对森林草原灭火及救援的直接影响是火场复杂多变、火场供水困难、消防救援人员与装备登高投送不易，这样使得森林草原火灾扑救难度大，火灾扑救形式多样。因此，森林草原火灾扑救想定作业必须立足于适应森林草原火灾的复杂场景，掌握森林草原火灾扑救的基本规律和方法，同时又必须针对所出现的新的问题，探索、研究新的战法，培养、锻炼受训人员的创造力，以扎实的基础和丰富的理论知识储备创造性地应对复杂的火灾环境。

（五）可重复和评价性

森林草原火灾扑救想定作业，是一种通过作业进行训练的方式。因此，其可以重复进行，并且通过设定评价标准，可对训练效果进行客观评价，找出火灾扑救中可能存在的问题并及时改正，有效地提高受训人员对森林草原火灾的应对能力。

三、森林草原火灾扑救想定作业的作用

森林草原火灾扑救想定作业是一项重要的预防和准备工作，对于提高火灾应对能力、减少火灾损失具有重要意义。通过森林草原火灾扑救想定作业训练，不仅可

有效提高受训人员对战术战法的理解能力，更能提高其分析判断、运筹决策、组织协调、临机处置等能力。

（一）锻炼分析判断能力

森林草原火灾具有发展蔓延速度快、易形成立体燃烧、气候地形变化导致火场复杂难控、扑救难度大的特点。想定作业能够根据已经掌握的森林草原火灾资料和现场情况，进行客观分析和推理，对火灾发展蔓延的趋势和可能出现的后果作出判断，并据此提出灭火救援方案，锻炼受训人员对火灾现场局势的分析判断能力。

（二）增强运筹决策能力

笔记

通过想定作业训练，可以使受训人员在分析判断森林草原火灾的基础上，对可用的灭火力量、装备物资、现场环境、地形气候、可燃物种类等各种因素进行综合分析，确定出最佳的灭火方案。通过反复的想定作业训练，可以增强受训人员的运筹决策能力。

（三）提高组织协调能力

森林草原火灾情况复杂多变，受训人员可以把自己的作战意图变为组织编队的实际行动，根据灭火救援作战的实际需要，对参战力量合理编成，使参战力量协调一致地展开战斗，提高自己的组织协调能力。

（四）强化临机处置能力

受训人员可以通过想定作业中设置的各种灾情变化情况，锻炼并提升自身的指挥协调、战术运用等实战应变能力，如判断能力和决策能力等，从而强化自己在灭火救援现场的临机处置能力。

四、森林草原火灾扑救想定作业的基本构成

森林草原火灾扑救想定作业由企图立案、基本想定和补充想定三部分构成。

（一）企图立案

企图立案，是指在编写基本想定和补充想定之前，对森林草原火灾扑救想定作业中要设置的训练项目所进行的总体构思和设想。企图立案是整个森林火灾扑救想定作业的初步阶段，也是编写基本想定和补充想定的基本依据。企图立案通常由想定作业编写人员拟制和掌握，与受训人员参与完成作业的关系不大。企图立案主要

包括以下几个方面的内容。

1. 指导思想

指导思想是森林草原火灾扑救想定作业立案和训练的基本指导原则。其主要内容包括立案应遵循的方针和原则，体现的森林草原火灾扑救思想和主要战术技术手段，火场背景和灭火战斗对象，训练的重点和要解决的主要问题，以及要达到的训练目的等。

2. 训练问题及目的

训练问题及目的是根据森林草原火灾扑救的任务与目的，结合受训人员的实际情况确定的。确定训练问题及目的，应从森林草原火灾扑救的实际需要出发，紧紧抓住提高受训人员的战术理论水平和火灾扑救实战能力等关键性问题，按照灭火战斗的一般进程，本着突出重点、解决难点的原则，通盘考虑，精心设计。

灭火战斗准备阶段的训练问题通常可分为：定下森林草原火灾扑救决心、确定森林草原火灾扑救方案、组织参与灭火的力量协同、组织各种灭火保障等。灭火战斗实施阶段包括：森林草原火灾情况的勘察、森林草原火灾规模的预估、扑救森林草原火灾战术战法的选择、灭火前沿的指挥等。

3. 火情态势

火情态势是森林草原火灾扑救想定作业中的对象。通常包括：森林草原火灾起火地点的基本情况，气象、地形的情况，起火林区的可燃物情况，发生火灾的原因，火势蔓延的主要方向，起火林区面积，周边重点单位相关情况等，一场火灾在各个不同发展阶段的基本情况，火场的发展变化过程。火情态势的设想和描述，应符合火灾本身客观发展和变化规律，应在火灾燃烧理论指导下，参考各种实际森林草原火灾案例进行创造。火情态势的设想和描述应根据想定作业中的训练课题来确定，应能满足想定作业训练的需要。通常应选取那些有代表性的森林草原火灾对象，设置的火灾情况应尽可能复杂多变，以便加大训练难度，但不应超出现有森林草原消防救援力量的装备配备，否则作业将无法实施。

4. 灭火战斗编成

灭火战斗编成是根据森林草原火灾扑救的需要而进行的力量编组。通常包括：参加森林草原火灾扑救的建制单位，各参与森林草原消防救援队伍，消防救援队伍的车辆配备、器材配备、人员配备，协同的地方扑火队等。确定灭火战斗编成时，应充分考虑装备特点和协同方式及在森林草原火灾扑救中的主要任务，并应采取科学的灭火计算方法进行论证，保证参与森林草原灭火的力量能够满足火灾扑救任务的需要。

灭火战斗编成可用文字叙述，也可用灭火战斗编成表的形式表达。

5. 灭火行动企图

灭火行动企图是反映森林草原火灾扑救任务、目的和手段的总体构思，是企图

笔记

立案的主体部分。构成森林草原火灾扑救企图的基本要素一般包括：森林火灾扑救的任务与目的，战术与战法，力量的部署与态势，以及时间与地点等。

企图立案的表述，可采取文字叙述式，也可采取地图注记式。企图立案中的具体内容应通盘考虑，各部分内容之间应有必然的内在联系，使之形成完整统一的整体，杜绝矛盾、重复和只求表面形式的现象发生。

（二）基本想定

基本想定亦称基本课题，是构成想定的基础情况，也是编写补充想定的依据。因此，基本想定是想定作业的核心部分。基本想定详细描述了森林火灾的基本情况，也是为受训人员进行森林火灾扑救想定作业或演习提供的基本条件。基本想定的内容主要包括：起火区基本情况、森林草原灭火过程、要求执行事项、参考资料和附件。

笔记

1. 起火区基本情况

起火区基本情况是基本想定的重要组成部分，内容主要包括：起火区的地理位置、可燃物分布情况、气候气象条件、地形特征、要害部位及火灾危险特性等。起火区基本情况即森林草原火灾扑救对象的基本情况，是研究森林草原火灾发展蔓延的规律、特点和战术方案的基础，一定要认真熟悉、详细了解，特别是对与火灾特点有关的森林草原可燃物，对与森林草原火灾扑救行动有关的气候情况、地形情况、水源情况等，应做到重点掌握。

2. 森林草原灭火过程

森林草原灭火过程是基本想定的主体部分，是与作业直接有关的具体情况，是受训人员了解任务、判断情况、定下决心和进行森林草原灭火的基本依据。

森林草原灭火过程的具体情况，因森林草原灭火级别、灭火方式、采用的战术战法和想定作业受训对象的不同而各异。就其主要内容来说，可以概括为以下几个方面。

（1）森林草原火灾情况

森林草原火灾情况包括起火原因、森林草原可燃物情况、火势蔓延区域、森林草原火灾整个延烧时间和造成的经济损失及人员伤亡等情况。森林草原火灾情况一般用文字或文图相结合的形式表达，重点部分表达得详细，一般部分表达得简略。

（2）力量调集情况

力量调集情况主要指：接警时间、各级指挥部成立时间、各协同力量调出时间和到场时间；各协同力量出动消防车、消防装备和消防救援人员数量；还有当地政府各级领导、各个部门、地方扑火队及相关单位的到场时间和情况等。

（3）灭火战术措施

灭火战术措施指一场具体火灾的扑救方法。森林草原火灾对象不同，使用的森林草原消防装备不同，火灾扑救方法也大不一样。灭火战术措施是森林草原火灾扑救过程中的关键环节，它们旨在有效控制和扑灭火灾，同时确保人员安全。常见的灭火战术措施包括：风力灭火等直接灭火措施、开设隔离带等间接灭火措施、利用直升飞机或其他飞机进行空中洒水或投放灭火剂等航空灭火措施。这些战术措施需要根据实际情况灵活运用，并结合当地的气候、地形、植被类型和火灾特性进行调整。了解总体上的灭火战斗措施，便于确定本级的主攻方向，以更好地组织本级灭火战斗行动。

（4）灭火战斗阶段

灭火战斗阶段即从时间上对一场灭火战斗划分的段落。森林草原火灾扑救一般持续时间较长，各阶段的划分比较明显。灭火战斗阶段的划分，与灭火对象和灭火技战术关系较大。了解火灾的不同灭火阶段，便于从整体上把握灭火战斗全过程，集中精力考虑各灭火战斗阶段的战术方案和技术措施。

（5）森林草原火场后勤保障

森林草原火场后勤保障指除正常调集的森林草原消防装备和人员以外的各种物资材料的消耗的保障。森林草原火场的后勤保障是确保森林草原火灾扑救工作顺利进行的关键环节，通常情况下主要有：物资供给、卫生防疫、工具保障、人员食宿、服装、医疗保障等。例如，云南省消防救援总队在安宁“5·9”森林火灾扑救工作中，后勤保障组迅速响应，调集了必要的保障力量和物资，包括食品、矿泉水、防疫物资、汽柴油等，并紧急联系了联勤企业参与保障，同时对现场进行了医疗卫勤保障和全面消杀，确保了后勤保障工作的高效和安全。这些措施体现了后勤保障在森林草原火灾扑救中的重要作用和多方面的需求。火场后勤保障情况不但在一定程度上可表明灭火战斗的规模，同时也反映了当地可用于灭火的各种物质条件，这在完成想定作业时都应充分予以考虑。

3. 要求执行事项

要求执行事项通常主要写明受训人员的作业身份或担任的职务，学习的有关材料，实施作业的内容，完成作业的标准和时间等。

4. 参考资料

参考资料是为受训人员定下森林草原火灾扑救决心所提供的补充案件。包括：

（1）森林草原火灾发生时的应急处理措施；

（2）特殊消防器材、装备的灭火战斗技术性能及灭火计算方法；

（3）森林草原火灾发生时的气温、风向等天气情况。

5. 附件

凡是森林火灾的基本情况、森林火灾扑救过程和参考资料不易直接表达的内

笔记

容，均用附件的形式表达。常见的附件有森林草原火灾扑救编成表、森林草原消防技术装备表、现场火情态势图等。

（三）补充想定

补充想定亦称补充情况，是基本想定的补充和继续，是为受训人员进行某一训练问题的想定作业和图上演练提供的条件。它是根据企图立案、基本想定、训练问题的内容、目的和受训人员水平等条件编写的。主要内容包括森林草原火灾的情况，森林草原火灾扑救的时间、地点，当时的火情态势，上级指挥部的要求和本级的灭火任务，以及要求执行事项等。补充想定通常采取文字叙述式或地图注记式两种表达形式，按具体想定作业形式的要求，可集中下达或分散下达。

组织森林草原火灾扑救阶段的补充想定通常用来引导受训人员进行判断火情、调集力量等项作业。它一般以上级火情通报、上级下达出动命令等形式出现。森林草原火灾扑救实施阶段的补充想定通常按训练问题和目的，灭火战斗对象，时间和地点，前一阶段森林草原灭火简要经过，当前火情态势，上级指示，本级任务，友邻行动，以及要求执行事项和附件的顺序表达。

笔记

补充想定通常是依据企图立案对本训练问题的设计编写的。如立案阶段没有系统考虑各训练问题的基本方案时，一般按下列方法和步骤进行编写：一是根据训练问题和目的，确定灭火决心和处置要点；二是根据灭火决心和处置要点，设置火情态势和必须给受训人员提供的条件；三是根据设置的火情态势和给受训人员提供的条件，具体设想灭火总体方案和灭火行动计划；四是根据火情态势和行动计划，计算灭火战斗时间；五是按规定的格式和内容形成补充想定。

第二节 森林草原火灾扑救想定作业的编写方法

森林草原火灾扑救想定作业的编写是一项系统性工作，需要综合考虑火灾的特性、地理环境、气候条件、可燃物分布、扑救力量的配置等多种因素。编写森林草原火灾扑救想定作业时，应注重实战性和可操作性，确保作业方案能够在真实火灾发生时发挥关键作用。同时，要定期更新想定作业，以适应森林草原火灾风险的变化。森林草原火灾扑救想定作业是根据森林火灾灭火战术基础、灭火战术等理论教材，结合训练课题类型、训练目的及灭火救援行动特点，以及受训人员的理论基础和训练场地等条件编写的。

一、编写前的准备工作

（一）拟定编写计划

编写计划应明确森林草原火灾扑救重点和指导思想，训练时间和课时分配，任务区分和要求，编写的方法和步骤，以及完成编写的时限等。

（二）掌握理论知识

编写前应围绕编写的森林草原火灾扑救主题，广泛收集相关森林草原火灾扑救基础理论、森林草原消防装备、最新学术观点等理论资料，收集有关森林草原类型、地形地貌、气候特征、可燃物分布等基础资料，并从实际需要出发，有重点地组织学习和研究，准确掌握战术原则和行动特点，各种森林草原消防装备的性能和在森林草原灭火行动中的运用，各种学术观点和实例、数据等。

（三）选取典型战例

从编写想定作业的总体需要出发，选择与训练目的相对应的森林草原灭火救援战例。灭火救援战例选定后，可组织相关人员进行战例研究，以充实和丰富灾情设定的内容。也可以根据典型战例发生的情况，根据历史火灾数据和潜在风险，制定可能发生森林草原火灾的模型，包括具体设定森林草原火灾的地点、时间、类型和规模。

（四）选择作业场地

选择作业场地时应结合森林草原火灾可能发生的不同地区，考虑不同地区地形、可燃物和环境因素。地形因素，即要便于反映想定涉及范围内的林/草区、水源等情况；可燃物因素，即要便于创设想定的森林草原火灾的可燃物种类、载量、分布等情况；环境因素，即气候条件，通信和给养等多方面的保障。

二、编写的具体方法

（一）情况设定的编写

情况设定是根据森林草原火灾扑救主题、训练目的和训练问题设想的灭火救援企图方案。

编写情况设定应统观火场全局，明确森林草原火灾发生的具体地理位置，并注

笔记

意把握以下几点：一是应设置森林草原火灾发生的时间背景，及由此形成的灾情态势，以此构思森林草原火灾扑救要实现的目标，从而确立火灾扑救重点。二是统筹火灾扑救过程的发展，合理设置森林草原火灾扑救的重心和关节。森林草原火灾扑救的重心是森林草原灭火中所要解决的主要矛盾，是森林草原灭火战术训练的重点。三是设计有特点的森林草原火灾扑救战法。森林草原火灾发展除了符合一般火灾的典型特征外，还具有易形成立体燃烧、受气候地形影响大、扑救时间长及灭火难度大等特点。设计符合森林草原火灾燃烧规律的扑救战法，能够提高受训人员的森林草原火灾战术战法运用水平和实操水平。四是要体现森林草原火灾扑救研究的新成果、反映森林草原消防救援器材装备的新变化，避免陈旧呆板的格局，使森林草原火灾扑救的情况设定更加现实生动。

（二）基本想定的编写

笔记

本书中的森林草原火灾扑救的基本想定是根据现有的典型森林火灾战例，想定作业的训练目的和受训人员水平直接改编的。其方法步骤是：

（1）主要介绍森林草原火灾发生的地理位置、林区的基本情况、周边的水源、林地类型以及周边重点单位相关的其他情况，如地形地貌、可燃物种类、天气情况等。

（2）叙述森林草原火灾的发展情况。包括森林草原火灾发生的时间和原因，灭火力量到达时森林草原火灾所处的燃烧阶段，火灾的发展进程和蔓延速度，森林草原火灾的面积及造成的人员伤亡和物资财产损失，以及对社会生产、生活带来的重大影响等。

（3）介绍力量调集情况。根据森林火灾扑救的需要及时将各方灭火力量调往火场，是有效扑救森林草原火灾的客观物质基础，是确定灭火方案、实施灭火指挥的前提条件。力量调集情况应着重写明调集的时间和单位，出动的车、人员和装备数量，前去协助灭火的地方灭火队、社会团体和动用的各种装备等。

（4）写明各种保障情况，包括交通、通信、物资等方面的保障。主要写明执行保障任务的单位，动用的保障力量，采取的保障措施及保障方面的组织、指挥等。

（5）写明要求执行的事项，即受训人员在完成森林草原火灾扑救想定作业过程中所充当的职务或作业的内容及要求。

（三）补充想定的编写

编写补充想定应以森林草原火灾的情况设定、基本想定和训练目的为依据，通常采取先构思原案，再按照原案设想作业条件的方法进行编写，编写过程中要按照森林草原火灾的发展过程编写。森林草原火灾想定作业的训练过程是受训人员不断地分析火情、判断火情，不断调整和修正森林草原灭火方案，对森林草原灭火每一环节进行组织和协调的过程。编写森林草原火灾扑救想定作业，应先从接警出动开始，中间是各增援队陆续投入森林火灾扑救过程，最后是森林草原火灾扑救结束、看守火场。编写时要按照“先辖区森林草原消防力量，后增援森林草原消防力量；先一线作战，后外围保障；先控制发展，后消灭灾情”的顺序进行。同时，要写明各种保障情况，并提供各种参考资料等。补充想定作业条件要符合森林草原火灾扑救情况复杂、危险性大、技术性强等特点。补充想定的表述应巧妙、含蓄，要有主有次，真伪并存。

三、编写的基本要求

编写森林草原火灾扑救想定作业，要紧密结合森林草原火灾的特点和规律，根据森林草原火灾扑救训练的任务与要求，立足于森林草原消防救援队伍现有消防装备，着眼于未来灾害发展形势，符合现代条件下灭火救援战术基础和行动规律，从难从严、从实战需要出发来构思和编写想定作业。

（一）要符合森林草原火灾扑救训练课题的需要

森林草原火灾扑救想定作业的编写，要紧紧围绕森林草原火灾扑救想定课题的训练目的，选取与训练重点相适应的典型案例。应对选取的实际典型森林草原火灾战例涉及的森林草原区进行实地调研，创设能够达成课题训练需要的作业条件，使受训人员通过想定作业和训练，切实提高森林草原灭火实战能力。

（二）要着眼于开发受训人员的思维

编写森林草原火灾想定作业时，情况设置要若明若暗、曲折含蓄，必须提供的作业条件尽量不要集中提供，分散提供的作业条件尽量不要直接提供，使作业条件具有一定的难度。想定情况要采用隐语法、分散法、间接法和真伪并存法等表述方法，表达形式可采用文字叙述或地图注记等，切实锻炼受训人员的实战能力和判断甄别能力。

（三）要体现森林草原火灾扑救的原则和特点

森林草原火灾想定作业训练，是为进一步加深受训人员对森林草原灭火技术、灭火战术、林/草火原理的理解，并且能够熟练应用各种战术、战法。因此，构思想定情况时，要体现出森林草原火灾扑救的基本原则和行动特点，以确保达到安全训练的效果。

（四）要形成严谨的整体结构

在设定、改编森林草原火灾的扑救过程时，要重视把握灭火救援作战各个环节

笔记

之间的内在联系，使创设出的灭火救援情况前后衔接、结构严谨，形成一个有机的统一整体。

第三节 森林草原火灾扑救想定作业的实施方法

森林草原火灾扑救想定作业的实施，是受训人员依据火灾扑救、灭火战术基础、灭火战术与救援理论等，按照森林草原火灾扑救想定作业提供的情况进行作业的训练活动。其目的在于使受训人员进一步深化对森林草原火灾扑救和战术理论的理解，获得对森林草原火灾扑救规律性的认识，实现知识向能力转化，提高灭火救援指挥水平和战术素养。森林草原火灾扑救想定作业的组织与实施，根据课题类型、训练目的和受训对象的不同，通常可分为集团作业、编组作业、即题作业等。

笔记

一、实施集团作业时的程序和方法

集团作业是受训人员在教官的指导下，以同一身份，独立思考，各抒己见，集体讨论森林草原火灾扑救想定并提出问题的训练形式。通过集团作业，受训人员可以深化对森林草原火灾扑救、灭火战术基础和战术理论的理解，掌握灵活运用灭火救援知识和技能解决实际问题的基本方法，初步形成森林草原火灾扑救的能力，并为森林草原火灾扑救实战奠定基础。这种训练组织形式具有组织保障简便、方法灵活多样、研究问题可评价、作业独立性强等特点。实施集团作业的程序和方法一般分为布置作业、个人独立完成作业、集体讨论、总结讲评四个阶段。

（一）布置作业

布置作业是在作业之前，对受训人员有计划地进行的辅导，特别是对于森林草原火灾扑救、战术战法、林/草火原理的讲解。目的是使受训人员能尽快进入想定情况，知道做什么、怎么做，明确作业内容，掌握作业方法，为独立作业创造条件。内容通常包括：训练课目、目的、问题、作业内容、重点、方法和要求、完成时间和提示等。在提示中，利用作业图，除将林/草区的特点和参战力量等作简要介绍外，应着重指出要大家考虑和掌握的问题，并根据受训人员的水平和课目难易程度，启发引路，使其能入门作业。布置作业的方法应根据情况灵活掌握。

（二）个人独立完成作业

个人独立完成作业，即受训人员根据森林草原火灾扑救想定作业所提供的作业条件和布置的作业要求，独立完成森林草原火灾扑救方案的设计，这是集团作业的中心环节。

个人独立完成作业必须严格要求受训人员独立完成对森林草原火灾扑救方案的设计，注重强化创造意识，培养受训人员的独立工作能力。

（三）集体讨论

集体讨论是受训人员在教官指导下，就各自作业方案交换意见，深化认识的交流活动。其目的在于通过交流，互相启发，进一步加深对森林草原火灾扑救、灭火战术基础和战术理论的理解，掌握分析判断的基本方法，提高解决各种复杂问题的实际能力。

笔记

（四）总结讲评

总结讲评是在森林草原火灾扑救想定作业后进行的总结。通常是在集体讨论的基础上由教官实施，也可指定受训人员进行。其内容主要包括：重述森林草原火灾扑救想定作业课题的题目，进一步明确训练目的，讲评作业情况并对作业作出评价，结合作业阐述有关理论问题等。

总结讲评时，要将对具体问题的认识上升到理性的高度，避免就事论事，要联系大家作业的实际，归纳总结出带规律性的知识以启发大家，防止“放电影式”的简单再现，要秉持严谨的治学态度，实事求是地解答学员提出的问题，切不可“不知以为知”，要善于提出新的问题让大家思考，以便保持思维的连续性。

二、实施编组作业时的程序和方法

编组作业是指受训人员在教官的指导下，按不同职务（如现场总指挥员、作战组长、后勤保障组长、通信联络组长等）编组后所进行的作业。编组作业通常在集团作业的基础上进行，有时也与集团作业相结合或穿插进行。编组作业的内容可以是一个完整的训练课题，也可以是一个或几个训练课题。

（一）编组的方式

（1）按人员职务构成，可分为指挥员系统编组和指挥机构编组。
（2）按编制序列，可分为一级编组和多级编组。
（3）按编组的员额，可分为满员编组和缺额编组等。

（二）编组作业的基本程序

编组作业的基本程序可分为作业准备、作业实施、总结讲评三个阶段。

1. 作业准备

作业准备中，除应明确人员编组和职务分工外，其他工作内容基本与集团作业相同。

2. 作业实施

作业实施阶段的各训练问题通常连贯进行。作业条件由教官以文字、口述或情况显示等方法，利用有线电话、无线电台、文字传真、人员传递等多种手段，逐次提供并引导受训人员作业。作业中，应适时检查作业进展情况，发现问题应以随机情况来引导受训人员自行纠正。无特殊情况，一般不中止作业。但必要时也可停止作业，退出作业后组织大家讨论研究。

笔记

3. 总结讲评

总结讲评的内容和方法，基本与集团作业的相同。

（三）编组作业的注意事项

编组作业能最大限度接近实际，作业过程实战感强，受训人员得到的锻炼较大。但是，作业人员分别充当不同职务，各自作业内容互不相同，且训练问题连续性强，因此组织实施编组作业工作量大，指导和管理都有一定难度。这样，在组织实施编组作业时，特别需要注意以下问题。

1. 确保作业秩序

编组作业要求受训人员以不同身份完成同一课题作业，受训人员之间联系密切、交流频繁，易影响作业秩序。为使作业有条不紊地进行，组织作业的教官一要周密计划，充分准备，做到编组有计划、指导有方案；二要加强现场管理，特别要加强对作业班子以外人员的管理，使他们严守现场纪律，保持良好的秩序；三要引导大家唤起脑海中已有的知识和技能，保证作业有据可循，防止忙乱现象。

2. 做好科学编组

由于编组作业受多方面因素的制约，很难一次使所有受训人员都能充当一定的职务，特别是主要职务。为使每个受训人员都能得到锻炼的机会，应尽量缩小编组范围和增加作业组次，并在作业过程中适时轮换所任职务。同时还应加强对作业班子以外人员的组织指导，使他们从作业进程和完成作业的主要内容中得到锻炼和提高。

3. 加强对作业的指导

编组作业时受训人员作业内容不一，但又相互联系，相互制约。为保证训练效果，组织作业的教官应全面了解和掌握作业的进展情况，采取多种方法实施全面指导。指导应贯彻启发式、诱导式，要让受训人员在自我发现和自我解决问题的过程中得到锻炼。

三、实施即题作业时的程序和方法

即题作业，是在完成某一训练问题基本作业的基础上，围绕原课题又继续延伸的作业。在变换想定情况、作业场地和作业方式的前提下，就原来的训练问题进行即题作业，可使受训人员巩固从基本作业中学到的知识和技能，加深对有关森林草原火灾扑救、灭火战术基础和战术理论的理解，提高灵活运用灭火战术理论的能力。同时，也能检查受训人员对所学内容的理解程度。它既可以集团作业的形式组织，也可以编组作业的形式组织。

笔记

（一）即题作业的特点

1. 内容特定，针对性强

即题作业通常以强化重点内容为主要目的，作业内容多为某个训练的难点问题，而非某一课题的内容。

2. 难度较大，要求较高

即题作业是想定情况创设中的特殊作业方法，一般都具有一定的难度。

3. 准备简单，便于组织

即题作业不需要编写系统的文字材料或进行较长时间的准备，只要创设出必要的想定情况，便可组织实施。

（二）即题作业的基本程序

即题作业的基本程序是：布置作业、独立作业、检查讨论和小结讲评。

1. 布置作业

布置作业即宣布作业内容，明确作业条件和要求。

2. 独立作业

独立作业即受训人员根据提供的作业条件，运用所学理论知识和技能独立完成作业。

3. 检查讨论

检查讨论即接受受训人员作业方案的口头报告和书面报告的过程。

4. 小结讲评

小结讲评即针对即题作业与基本作业的不同特点，结合作业完成情况，有重点地讲清即题作业的研究内容和预期目的。其他内容与基本作业相同。

（三）即题作业的注意事项

（1）在合理范围内创设复杂的灭火救援作战过程，在保证训练效果的前提下最大限度地缩短作业时间，同时着重强调个人独立作业。

（2）即题作业要以巩固和检验受训人员的灭火救援指挥理论知识和各种技能及战术应用为目的。

（3）提高灵活运用战术理论解决实际问题的能力，防止出现低层次循环现象。

笔记

第二章 东北地区森林草原火灾扑救想定作业

一、内蒙古自治区大兴安岭某林场森林草原火灾扑救想定

基本想定

（一）

5月2日12时15分，内蒙古自治区大兴安岭某林场发生森林火灾，火势借强风急速蔓延，过火面积迅速扩大至1万公顷，火场南北两条火线长达40多公里，受害森林面积8281.58公顷，严重威胁当地自然保护区和人民生命财产安全。

该林场位于大兴安岭东南麓，森林覆盖率达65.6%，地处寒湿带，属大陆性季风气候区。一年四季气温差异较大，年平均气温零下1摄氏度左右，年降水量达479.4毫米，无霜期130天左右。全局平均坡度10～12度，局部坡度达60度以上，其中阴坡占60%，阳坡占40%，并伴有部分跳石塘。起火林场周边分布着10余个林场和千余名居民。

起火林场植被多为寒温型针叶林和中温型阔叶林，其分布规律是自西北向东南由针叶林向针阔混交林、阔叶林逐渐过渡。主要树种有兴安落叶松、白桦、白杨、黑桦、蒙古柞、柳和少量的樟子松；主要下木有刺玫、绣线菊、谷柳、胡枝子、兴安杜鹃等；主要植被有草莓、铃兰以及禾本科、莎草科、豆科植物等；另外还有大量满洲植物区系成分，如山梨、黄菠萝、榛子、北五味子等温带阔叶林植物。

火灾发生前，内蒙古大部地区，包括起火林区，持续干旱长达4个月。火灾发生期间阵风10～12级，且连降中雪15小时，降雪厚度局部达30厘米。

（二）

本次火灾具有以下特点。

（1）气候变化异常。

火灾发生前，当地已持续干旱长达4个月之久。火灾发生期间，火场地区最高气温达40摄氏度，并伴有10～12级阵风，气象条件极为不利。清理火场期间，火场出现降雪，气温骤降至零下3～5摄氏度。降雪持续15小时，降雪厚度达30厘米，积雪平均深度达18厘米。

（2）火灾威胁大。

该林场资源丰富，生态地位重要，火场周边分布着10余个林场和千余名居民，一旦处置不力，人民生命财产和国家生态资源安全均将受到威胁。

（3）扑救难度大。

火场周边道路稀少，交通不便，并且受大风、烟雾、沙尘等的影响，无法实施机降，只能采取徒步和乘坐特种车辆的方式组织兵力投送；加之火场西北线地势复杂、起伏不定，局部坡度达60度以上，并伴有跳石塘，稍有不慎，消防救援人员就会出现危险。同时，火场局部地区磁场紊乱，导航设备屡屡失效，指挥员只能凭经验判断方位，致使接近火线十分困难。

笔记

（三）

5月2日12时15分，内蒙古自治区发生森林火灾。在接到内蒙古自治区森林草原防灭火指挥部火情通报后，内蒙古自治区森林消防总队立即启动应急预案，成立总队基本指挥所，就近调集辖区支队5个大队的460名消防救援人员赶赴火场开展灭火救援行动；毗邻支队3个大队的230名消防救援人员，摩托化向火场集结，并成立了前进指挥所来指挥和协调灭火救援行动。

（四）

5月2日22时45分，内蒙古自治区森林消防总队又调集辖区支队3个大队的400名消防救援人员，赶赴火场；毗邻支队2个大队的200名消防救援人员，增援灭火救援行动；跨区域增援3个支队的600名消防救援人员，向火场集结。

5月3日12时30分，又紧急调集黑龙江省森林消防总队的600名消防救援人员，吉林省森林消防总队的500名消防救援人员，摩托化增援火场。

（五）

（1）熟悉本想定内容，了解某林场森林火灾基本情况。

（2）以初战分队指挥员的身份了解任务、判断情况、定下决心、部署战斗以及组织保障。

补充想定

（一）

5 月 2 日 12 时 30 分，接到总队出动命令后，初战分队指挥员面对火灾蔓延速度快、火势强度高、火头多火线长、跳跃式立体燃烧的不利态势，结合对起火林区的了解，定下初步战斗决心。

想定一：请以初战分队指挥员的身份写出初步战斗决心的内容。

（二）

第一梯队力量到达火灾现场后，勘察小组通过勘察发现，火势猛烈，火场烟雾极大，能见度极低，火场情况十分复杂。

想定二：请阐述如何利用风水结合打开缺口，充分发挥灭火手段的优势。

（三）

此次灭火救援行动，参战力量多、投入人数多，按照森林草原防灭火指挥部要求，森林消防队伍负责扑明火、打火头、攻险段，地方灭火力量负责清火线、守火场、开设隔离带，充分发挥了国家消防救援队的优势，形成了国家队与地方灭火力量的整体合力。

想定三：请分析此次灭火救援行动如何体现灭火组织、指挥的协同作战原则。

（四）

5 月 5 日 10 时 30 分，经消防救援人员近 70 小时连续奋战，火场实现全面合围，外围明火全部被扑灭，灭火行动转入清理看守火场阶段。各任务单位按照划段包片、明确分工、落实责任的要求，组织全线反复纵深清理，防止死灰复燃。

想定四：请阐述直接灭火法和间接灭火法在此次灭火中的应用。

笔记

附件（表 2-1）

表 2-1　力量编成

单位	人数
内蒙古自治区森林消防总队前进指挥所	10
内蒙古自治区森林消防总队 1 支队	860
内蒙古自治区森林消防总队 2 支队	430
内蒙古自治区森林消防总队 3 支队	200
内蒙古自治区森林消防总队 4 支队	200
内蒙古自治区森林消防总队 5 支队	200
黑龙江省森林消防总队	600
吉林省森林消防总队	500
合计	3000

笔记

二、内蒙古自治区根河市某林场森林草原火灾扑救想定

基本想定

（一）

8 月 6 日 14 时 50 分，内蒙古自治区根河市某林场发生雷电森林火灾，火灾呈多点集中爆发态势，短短数小时内，过火面积已达 600 余公顷，如不及时扑救，可能造成的生态影响、经济损失和社会影响将无法估量。

该林场地处大兴安岭北麓西北坡，该地东北高、西南低，有古老的准平地面与浑圆形山体，相对高差在 100～300 米，地势起伏较缓，海拔多在 700～1300 米，平均海拔 1000 米。起火林区位于大兴安岭生态主体功能区核心区域，与中国最大的大兴安岭北部原始林区接壤，生态功能区总面积 39.1 万公顷。其中禁伐区（重点公益林）13.1 万公顷，占 34%；限伐区（一般公益林）9.2 万公顷，占 23%；商品林 16.7 万公顷，占 43%。活立木总蓄积 3160 万立方米，森林覆盖率 94%。生态功能区内主要树种有兴安落叶松、白桦和樟子松，林下有笃斯越橘、红豆越橘、蘑菇等山特产品和黄芪、草参等珍贵药材，林中繁衍栖息着棕熊、飞龙、狍子等野生动物。植被以偃松林为主，茂密且油性大，极易燃烧，地表腐殖质层厚度达 50 厘米，中高强度地表火、树冠火和地下火立体燃烧。该地属寒温带湿润型森林

气候，并具有大陆季风性气候特征。主要特征是：寒冷湿润，冬长夏短，春秋相连；无霜期平均为90天，气温日较差大，平均气温零下5.3摄氏度，历史记载极端最低气温零下58摄氏度，结冻期210天以上。

根据气象部门统计，入夏以来，起火林场所在地持续干旱少雨，创造了当地60天内滴雨未下的旱情纪录。火灾发生地海拔为1208米，山势陡峭，站杆倒木较多。

（二）

此次火灾主要有以下特点：

（1）火场海拔较高，地形复杂。

火灾发生地海拔为1100～1400米，地形较为复杂，山高坡陡，地势较为陡峭，扑救队伍行进困难，大型机械难以展开。

（2）天气较为干燥，火灾蔓延迅速。

根据当地气象部门统计，入夏以来，起火林场所在地持续干旱少雨，创造了当地60天内滴雨未下的旱情纪录，火灾发生时火场温度为16～24摄氏度，风力3～4级，火灾蔓延迅速，火势较大，给扑救工作造成一定困难。

（3）植被情况复杂，组织扑救难。

该火场与我国最大的原始林区接壤，植被茂密，主要树种有兴安落叶松、白桦和樟子松，偃松遍布，林区树木较为茂密且倒木较多，地下腐殖层厚度达50厘米。中高强度地表火、树冠火和地下火立体燃烧，火焰燃烧剧烈，扑打清理难度极大。

（三）

8月6日14时50分，内蒙古自治区发生森林火灾。在接到内蒙古自治区森林草原防火指挥部火情通报后，内蒙古自治区森林消防总队立即启动应急预案，成立总队基本指挥所，调派辖区支队的800名消防救援人员，携带1280余件（套）灭火装备、12辆特种灭火装甲车、8台大型机械车，第一时间赶赴火场开展灭火救援行动，并成立了前进指挥所，负责指挥和协调灭火救援行动。

（四）

（1）熟悉本想定内容，充分了解火场基本情况。

（2）以初战分队指挥员的身份了解任务、判断情况、部署战斗以及组织保障。

补充想定

（一）

8月6日15时，辖区支队出动800名消防救援人员，携带1280余件（套）灭

笔记

火装备、12 辆特种灭火装甲车、8 台大型机械车，第一时间前往扑救，并于 16 时 30 分到达火场。

16 时 50 分，前进指挥所立即部署到场分队利用无人机对火场进行全面勘察。勘察发现火灾发生地海拔为 1208 米，植被为针阔混交林，以偃松林为主，非常茂密，山势陡峭，站杆倒木较多，腐殖质层厚度达 50 厘米，极易燃烧；现场火势以中高强度地表火和树冠火为主，火场温度 16～24 摄氏度，风力 3～4 级，火场呈多点爆发趋势且已猛烈燃烧。

想定一：作为初战力量，请阐述采用何种手段对火场范围、发展态势等进行勘察。

想定二：勘察确定火场发展态势后，作为初战分队指挥员，如何对现有兵力和装备进行战斗部署？

笔记

（二）

对火情分析研判后，前进指挥所部署一支分队从火场南线西段打开突破口，采取“一点突破、两翼推进”战术，沿火线向东西两翼展开扑打；另三支分队从火场西南线打开突破口，采取“递进超越、边打边清”战术，沿火线向东扑打。但火场仍处于多点爆发、猛烈燃烧阶段。面对火场的严峻态势，8 月 6 日 17 时，内蒙古自治区森林总队调派邻近支队的 500 名消防救援人员作为第二梯队赶赴火场增援。行进途中，接前进指挥所通报，火场已发展至猛烈燃烧阶段，目前发展态势为中高强度地表火、树冠火和地下火立体燃烧。

想定三：请分析“递进超越、边打边清”战术的运用时机和要点。

想定四：作为增援力量，配合初战力量及其他扑救队伍的注意事项。

（三）

8 月 7 日 3 时，前进指挥所根据火场风力减弱、气温降低的有利条件，组织火场南线、西南线分队利用防火公路，对火场南线实施点烧，全力阻止火势继续蔓延。

8 月 8 日 5 时至 10 时，根据火场发展态势，前进指挥所决定采用直升机吊桶灭火和地面灭火结合，常规分队和水泵分队结合的方式，并利用大型机械车辆以水灭火的优势，对火场的西南线、东线和北线实施重点围控。

8 月 12 日 8 时 20 分，经各方灭火力量连续多日奋战，此次雷电森林火灾被全部扑灭。任务分队继续对火场沿线实施巡查，组织力量进行反复清理，以防止火势复燃。12 日 17 时，队伍移交火场后安全归建。

想定五：请分析如何更加高效地采用直升机与地面力量配合灭火。

想定六：火场地形复杂、天气多变，请阐述应当如何选择紧急避险地带。

附件（表 2-2）

表 2-2 力量编成

单位	人数
内蒙古自治区森林消防总队前进指挥所	10
内蒙古自治区森林消防总队 1 支队	800
内蒙古自治区森林消防总队 2 支队	500
合计	1310

笔记

三、吉林省某市中俄边境森林草原火灾扑救想定

基本想定

（一）

4 月 23 日至 28 日，吉林省某市中俄边境俄罗斯境内发生森林火灾，由于当时风向对我方有利，火线一直在俄方一侧由西向东蔓延。4 月 29 日 13 时，火场风向由偏西风转为西南风，风力 4～5 级，导致俄方一侧火线全线烧入我国境内。火灾过境后呈现出上山火多、火头多、高强度地表火多、蔓延速度快的特点，严重威胁我国森林草原资源和人民生命财产安全。

该市地形呈马鞍形，东、南、北三面被群山环绕，山地面积约占该市 80％以上，最高海拔 1477.4 米；西侧为冲积平原，海拔标高 30～100 米。起火林区林地面积 43.5 万公顷，森林覆盖率 85％，木材蓄积量 4553.7 万立方米，年采伐量 12 万立方米。林场主要树种有红松、云杉、落叶松、水曲柳、椴木、柞木、桦木等，并存有 2000 多年树龄的国家一级保护植物红豆杉（紫杉）天然种群。草地面积 1.6 万公顷，草质较好，水源充足，集中连片。草地类型主要有稀树林草丛地类、草甸草地类和沼泽草甸草地类。草地主要植物种类有野吉草、野青芽、大油芒、早熟禾及野豌豆、风花菜、乌拉草、大穗薹草及其他豆科牧草。该市气候属中纬度、中温度、近海洋性季风气候区，又因西部、北部有高山作天然屏障，形成了冬暖夏凉的气候特点，全年日照时数为 2322 小时，历年平均气温为 5.65 摄氏度。由于靠

近日本海，所以该市冬夏气候受海洋的影响十分显著。其主要特点是：冬季不太冷，夏季不太热。

气象部门数据显示，该市入春以来持续干旱少雨，可燃物含水率仅为15%。火灾发生当日为西南风，风力4～5级，温度24摄氏度，火场火焰最高处达5～6米，平均高度2～3米，火势极大。

（二）

此次中俄边境火灾具有以下特点。

（1）作战时间长，兵力较为分散。

4月23日至28日，俄罗斯境内连续发生森林火灾，虽然火灾没有大规模蔓延，但受地形和局部小气候的影响，偶尔有火势过境。从23日开始，辖区森林消防支队就陆续参与了小规模灭火行动。29日，俄方火势全线过境，辖区支队及总队调派的邻近支队相继参与灭火救援行动，至5月1日明火全部被扑灭，全程历时9天。

（2）过境火线较长，扑救难度大。

由于俄方境内大面积森林火灾无人组织扑救，加之风向由偏西风转为西南风，风力始终保持在5级左右，使俄方火势沿国境线中部、东部以及西南部蔓延进入我国境内，形成了长达40公里的火线。火场空间的广域性，造成了兵力的分散性和组织、指挥的艰巨性，从而阻碍了灭火作战进程。

（3）火头较多，火势迅猛。

该市中俄边境一线均为海拔400米以上的山地，虽然平均坡度不超过30度，地表起伏不大，但相对低缓的谷地内密布杂草和灌丛，加之入春以来当地干旱少雨，可燃物含水率仅为15%，而且边境线大多在山脊线或山坡上，个别地段人工开设的隔离带宽度也未达到50米的标准，对过境火的阻隔作用不强。这些客观因素使俄方过境火呈现出上山火多、火头多、高强度地表火多、蔓延速度快的特点，加之灭火队伍不能到俄方境内灭火，只能沿边境线堵截扑救，加大了灭火的难度。

（三）

4月29日17时，在接到吉林省森林草原防灭火指挥部的火情通报后，吉林省森林消防总队立即启动应急预案，成立总队基本指挥所，迅速调派辖区支队的335名消防救援人员作为第一梯队赶赴火场，协同4月23日到达的该市大队的88名消防救援人员处置火情，同时调派邻近支队的46名消防救援人员作为第二梯队集结待命，随时准备增援。

笔记

（四）

（1）熟悉本想定内容，充分了解火场基本情况。

（2）以初战灭火分队指挥员的身份了解任务、判断情况、部署战斗以及组织保障。

补充想定

（一）

4月29日17时，辖区支队机降大队的30名消防救援人员机降至火线西南部，与先期到达的37名消防救援人员会合后，一同沿边境线向火线中部推进。18时，辖区支队直属中队的27名消防救援人员沿边境线向火线东部推进，其余339名消防救援人员则集中优势兵力对火线中部展开集中扑救。

想定一：应当如何选择机降地点？机降过程中有哪些安全注意事项？

想定二：火线西南部两支灭火队伍会合后，在扑救过程中，如遇风向突变，灭火分队指挥员要如何组织人员进行避险？

（二）

4月29日18时50分，火场风力骤然增大，俄罗斯境内南线火场出现复燃，并迅速向我方境内蔓延。前线指挥部立即部署利用无人机对火场进行补充侦察，对火场情况进行充分研判后，任务分队按照“重点布防、以火攻火、水隔阻火、集中堵截”战术的安排，在火场南线依托生土隔离带实施点烧，开设防火隔离带800余米，在无依托处实施洒水阻隔，开设水隔离带约9公里，其余灭火救援力量集中堵截抵境火势。

想定三：请分析“以火攻火”战术的适用时机和要点。

（三）

4月30日10时，火场中部火势基本得到控制，火场东部和西南部火势尚未被全部扑灭。11时40分，前进指挥所调派邻近支队第二梯队的46名消防救援人员增援火场东部和西南部。5月1日8时50分，现场明火被扑灭，任务分队继续对沿边境一线实施彻底清理巡查并安排人员看守火场，组织力量进行反复清理，以防止复燃威胁境内。15时50分，队伍移交火场后安全归建。

笔记

想定四：火场中部得到基本控制后，前进指挥所命令抽调部分消防救援人员增援火场东部和西南部，作为增援分队指挥员，如何选择队伍机动路线？如何保障机动过程中人员的安全？

想定五：针对此次火灾上山火较多的情况，请阐述上山火扑救技术。

想定六：扑救边境火灾有哪些注意事项？

附件（表 2-3）

表 2-3　力量编成

单位	人数
吉林省森林消防总队前进指挥所	6
吉林省森林消防总队直属大队	98
吉林省森林消防总队 1 支队	335
吉林省森林消防总队 2 支队	46
合计	485

笔记

四、辽宁省沈阳市某自然风景区森林草原火灾扑救想定

基本想定

（一）

4 月 17 日 13 时 50 分，辽宁省沈阳市某自然风景区附近由于游客吸烟引发山火，火灾呈多点燃烧且在短时间内迅速蔓延，过火面积达 800 余公顷。由于火灾发生地靠近某自然风景区，且该时段为旅游旺季，火灾一旦失去控制，造成的损失将不可估量。

该市位于辽河平原中部，东部为辽东丘陵山地，北部为辽北丘陵，地势向西、南逐渐开阔平展，由山前冲洪积平原过渡为大片冲积平原。起火自然风景区属长白山系哈达岭余脉，处于辽东低山丘陵地带向西延伸地段，属构造剥蚀丘陵地貌，海拔在 100～266 米，地形坡度 10～30 度不等，平均坡度 15 度左右，呈东北向西南走向，且景区内有一条自然河流。该景区种子植物有 69 科 187 属 264 种，植被类型多样，区系地理成分复杂，具有强烈的温带性质。暖温带落叶阔叶林为地带性植被，植物垂直带谱明显，山体顶部为乔木、灌木和草甸，中下部以乔木为主。主要树种包括槲栎、槲树、辽东栎、栓皮栎、胡桃楸、椴树、五角枫、鹅耳枥、山桃、

山杏、丁香、小叶朴、卫矛、吴茱萸等。此外，沟谷坡脚还生长着核桃、板栗、漆树、山柳、山桑、杨树等植物；而灌木、藤本植物则主要有黄栌、胡枝子、六道木、绣线菊、紫荆、山葡萄、锦鸡儿等。该市属温带湿润大陆性气候，主要气候特点是：冬冷夏暖，寒冷期长；春秋短促多风；南湿北干，雨量集中；日照充足，四季分明。年际雨量分布不均，降水多集中于6～8月。

根据气象部门统计，4月份以来，连续出现大风天气，最高风力达9级，早晚温差较大，日均气温在零下4摄氏度到7摄氏度之间，平均降水总量约为21毫米。起火时，该地气温22摄氏度。

（二）

此次火灾主要有以下特点：

（1）火场风力较大，火灾蔓延迅速。

火灾发生时，当地风力达到9级，在极大风力作用下，火借风势瞬间形成急进树冠火，火场由南向北扩大，呈跳跃式、滚动式、反复式蔓延。

（2）火灾发生地点敏感，造成的影响及经济损失较大。

此次火灾发生地靠近某自然风景区，且发生时段为旅游旺季。火灾发生后，涉火地区转移群众11500名。根据灾后统计，直接经济损失共计2460.5万元，其中林业经济损失946.1万元，其他（自然风景区等单位）经济损失1514.4万元。

（3）参加扑救力量较多，指挥调度难度较大。

火灾发生后，辽宁省共出动1000名消防救援人员、3000余名公安、1500余名武警官兵，365台消防车，多架救援直升机、无人机，500余台救援车辆，参与灭火救援行动。多方力量的协同配合，给指挥调度增加了一定的难度。

（三）

4月17日13时50分，辽宁省沈阳市某自然风景区发生森林火灾。在接到辽宁省森林草原防灭火指挥部火情通报后，吉林省森林消防总队立即启动应急预案，成立总队基本指挥所，第一时间调派吉林省森林消防总队辽宁驻防分队200名消防救援人员作为第一梯队赶赴火灾现场参与扑救，同时调集周边三市800名消防救援人员增援火场，并成立了前进指挥所来指挥和协调灭火救援行动。

（四）

（1）熟悉本想定内容，充分了解火场基本情况。

（2）以初战灭火分队指挥员的身份了解任务、判断情况、部署战斗以及组织保障。

笔记

补充想定

(一)

火灾发生后，吉林省森林消防总队迅速调集1000余名消防救援人员赶赴现场参与扑救。吉林省森林消防总队辽宁驻防分队率先到达火场，随后前进指挥所部署火场勘察。经勘察发现，火场风力达到9级，在极大风力作用下，火借风势瞬间形成急进树冠火，火场由南向北扩大，呈跳跃式、滚动式、反复式蔓延，火场形势十分严峻。辽宁驻防分队先期在火场南线打开突破口，采取“一点突破、两翼推进”战术，一组扑打西南线，一组扑打东南线，使火场南线得到了有效控制。

想定一：请分析如何安全、有效地扑灭树冠火。

想定二：作为初战灭火分队指挥员，如何选择突入火线的切入点？

笔记

(二)

17日19时，邻近支队相继到达火场集结完毕。联合指挥部在听取最新火场情况汇报后，决定先期到达驻防分队继续对火场南线阻截；根据火场西线有不足3公里的断续火险，火场西南线还有少量烟点的情况，部署一支分队采取“多点突破、分段扑打”战法进行快速阻击，力争在21时前扑灭明火，转移至南线火场进行支援；火场东线有自然河流依托，部署一支分队采取“利用依托、以火攻火”战术，控制火灾继续蔓延。

想定三：请分析所采用战术的运用时机和要点。

(三)

前进指挥所部署了补充勘察，对火场进行了全面分析研判，根据火势有所缓和、火场附近有可用的水源等情况，确定了以三个梯队进行立体式灭火的战法：第一梯队为直升飞机灭火，对于大范围明火先由直升飞机实施洒水灭火；第二梯队为森林消防、地方专业扑火队等专业灭火力量，重点实施打火头；第三梯队为公安、武警力量，重点是打残火、余火。4月18日14时15分，现场明火基本扑灭，火场转入清理看守阶段。18时，队伍移交火场后安全归建。

想定四：作为地面灭火队伍，浅析如何高效地实现地空配合灭火。

想定五：结合专业力量扑打火头的任务，对灭火分队进行编组。

附件（表 2-4）

表 2-4　力量编成

单位	人数
吉林省森林消防总队前进指挥所	10
吉林省森林消防总队驻防分队	200
吉林省森林消防总队 1 支队	300
吉林省森林消防总队 2 支队	200
吉林省森林消防总队 3 支队	300
合计	1010

笔记

五、黑龙江省黑河市某林场森林草原火灾扑救想定

基本想定

（一）

5 月 22 日 10 时 53 分，黑龙江省黑河市某林场发生森林火灾，火场火势呈急进地表火，火势强，由西南向东北迅速蔓延，过火面积达 35 公顷。火场东面、西面为珍贵的红松母树林，北面有一条宽约 100 米的防火隔离带，南面为农田，一旦火灾失去控制，将会造成巨大损失。

该林场位于黑河市东部，小兴安岭中段北麓，黑龙江中游南岸，其南部属于低山丘陵区，北部是冲积形成的逊毕拉河平原和沿江平原。地势南高北低，地貌由南向北从低山逐渐过渡到河谷平原，海拔为 300～800 米，大部分坡度在 10～30 度。该林场河流纵横，均为黑龙江水系，一级支流 2 条，二级支流 20 余条。该林场森林类型是以针叶树种为主的针阔叶混交林，主要树种为兴安落叶松、红皮云杉、鱼鳞云杉、冷杉、白桦、柞、枫桦、水曲柳、黄菠萝、胡桃楸、杨、椴等，林龄多为中龄林；林下灌木主要有平榛、丛桦、杜鹃、胡枝子、绣线菊、野玫瑰，覆盖度在 20%～50%；地被物主要有乌苏里薹草、蕨类、玉竹、铃兰、大叶樟、小叶樟、龙胆草、塔头薹草等，覆盖度在 60%～90%。该地属寒温带大陆性季风气候，跨三、四、五、六这四个积温带。气候特点为：春季高温多风，夏季雨热同期，秋季降温急骤，冬季寒冷干燥，冬长夏短，四季分明。年均降水量 500～550 毫米，有效积温在 1950～2300 摄氏度，日照时数 2560～2700 小时，无霜期 90～120 天，年平均气温零下 1.3～0.4 摄氏度，日最高气温 38.2 摄氏度，最低气温零下 40 摄氏度，

年平均风速 2.0～3.5 米/秒。

根据气象部门统计，入春以来，该林场持续高温干旱，从 3 月初到 5 月初，平均降雨只有 53 毫米，林内干土层达到 12～18 厘米，可燃物含水量低于 10%。特别是进入 5 月份，5 级以上大风天数比常年多 5 成以上，森林火险等级始终居高不下。火灾发生时，火险等级为四级，火场温度高达 32 摄氏度，西南风 5～6 级，阵风 7～8 级，而且风向随地形多变。持续高温、干旱、大风等多重不利因素叠加，加快了火势的蔓延，给火灾扑救带来了极大的困难。

（二）

此次火灾主要有以下特点。

（1）气象条件复杂。

笔记

入春以来，该林场持续高温干旱。从 3 月初到 5 月初，该林场平均降雨只有 53 毫米，林内干土层达到 12～18 厘米。可燃物含水量低于 10%。5 月份，5 级以上大风天数比常年多 5 成以上，森林火险等级始终居高不下。火灾发生时，火险等级为四级，火场温度高达 32 摄氏度，西南风 5～6 级，阵风 7～8 级，而且风向随地形多变，持续高温、干旱、大风等多种因素增加了火势的强度，加快了火势的蔓延，给火灾扑救带来了极大的困难。

（2）可燃物载量较大。

该林场施业区面积约 5.3 万公顷，多年没有发生重特大森林火灾，林下枯枝腐叶厚，可燃物载量达到 56 吨/公顷。再加上极端的天气条件，火势猛烈，蔓延速度极快，给火灾扑救造成很大困难。

（3）林火行为较为复杂。

火情发生后，由于当时气象条件恶劣，正值春季森林高火险期，气候干旱，大风高温，草塘、林内可燃物载量大且干燥，为火势的迅速蔓延提供了客观条件，使火情在初始阶段就发展为急进地表火。且由于地形复杂，风势形成乱流，火势肆虐，形成高强度火，火焰高达 3～5 米，蔓延速度超过 5 米/秒，扑救人员难以靠近扑救。

（三）

5 月 22 日 10 时 53 分，黑龙江省黑河市某林场发生森林火灾。在接到黑龙江省森林草原防灭火指挥部火情通报后，黑龙江省森林消防总队立即启动应急预案，成立总队基本指挥所，迅速调派辖区支队的 170 名消防救援人员，邻近支队的 400 名消防救援人员赶赴火场参与扑救，并成立了前进指挥所来指挥和协调灭火救援行动。

（四）

(1) 熟悉本想定内容，充分了解火场基本情况。

(2) 以初战灭火分队指挥员的身份了解任务、判断情况、部署战斗以及组织保障。

补充想定

（一）

火灾发生后，黑龙江省森林消防总队迅速调派辖区支队170名消防救援人员作为第一出动力量赶赴火场参与扑救。前进指挥所进行了火场勘察，并根据火场发展形势确定了“重点扑救，全力拦截，在保证人身安全的前提下，迅速扑灭火灾，确保红松母树林不受危害”灭火意图，部署第一出动力量实施灭火行动。

笔记

> 想定一：作为初战灭火分队指挥员，请结合前进指挥所的灭火意图，根据火场东面、西面为珍贵树种红松母树林，北面有一条宽约100米的防火隔离带，南面为农田的火场情况，制定灭火战术策略。

（二）

5月22日14时，黑龙江省森林消防总队调派周边支队400名消防救援人员到达火场。前进指挥所根据火场周边情况和气象条件，制定了“全线封控、重点扑救”灭火战术，同时将现场灭火力量分为三个分队：一分队依托火线北面隔离带阻隔林火蔓延；二分队从东南方进入火场，一路向东北扑打；三分队穿过火场向西北方向行进，分别向西南、东北两个方向扑打，火势得到了有效的控制。

> 想定二：请阐述阻隔灭火的原理、种类以及注意事项。
>
> 想定三：请阐述“全线封控、重点扑救”战术的运用时机、把握要点以及优点和不足。
>
> 想定四：根据前进指挥所命令，三分队需穿越火烧迹地行进，作为分队指挥员，应当如何选择行进路线以及行进途中如何保障灭火队员安全？

（三）

5月22日17时，由于风向突变，风力7～8级，火场阵风达9级，致使所控制火线全线复燃，严重威胁灭火队员的安全。

想定五：请分析应当如何组织紧急避险。

（四）

5 月 22 日 20 时，风力逐渐减弱，前进指挥所迅速抓住有利战机，部署火场合围。23 时 54 分，经扑救人员全力扑救，火场明火全部熄灭，火场转入清理看守阶段。5 月 23 日 7 时，队伍移交火场后安全归建。

想定六：请分析在此气候条件下，清理、看守火场的重点。

附件（表 2-5）

笔记

表 2-5　力量编成

单位	人数
黑龙江省森林消防总队前进指挥所	6
黑龙江省森林消防总队 1 支队	170
黑龙江省森林消防总队 2 支队	400
合计	576

六、内蒙古自治区某地中蒙边境森林草原火灾扑救想定

基本想定

（一）

4 月 20 日 8 时 30 分，根据卫星遥感监测，距我国边境 50 公里处，蒙古国境内发生草原大火。火线呈多点分布断续蔓延状态，长约 80 公里，在大风作用下向我国境内蔓延，严重威胁我国北部重点林区。

我国境内受火灾威胁区域位于大兴安岭向松嫩平原过渡带，属浅山丘陵区，西北部与蒙古国接壤，边境线长约 126 公里。该地区由西北向东南分为四个地貌类型：中山地带、低山地带、丘陵地带和平原地带，海拔 150～1800 米。蒙古国境内起火草原是世界上保存最完好的天然草原，属森林草原向典型草原过渡地带，以典型草原为主，草原可利用面积 4618 平方公里，草地植被平均高度为 29.7 厘米，平均盖度为 80.5%。从水文条件看，该国第二大河流及其支流纵贯整个草原，且有大小湖泊 12 个、泉水 23 处。

该地属温带半干旱季风气候，四季分明。无霜期 95～145 天，大部分地区 110～

130天。年降水量平均为400～450毫米，雨热同期，适合一季作物生长。大部分地区日照在2800～3100小时，中南部地区10摄氏度以上积温在2200～3100摄氏度。从北向南气温、积温、光照、无霜期递增，而降水量、相对湿度则递减。

气象部门数据显示，火灾发生时，火场天气晴间多云，西南风5～6级，温度零下2～10摄氏度。火场气候干燥，火险等级高。

（二）

此次火灾呈现以下特点。

（1）气候干燥，火势蔓延较快。

火灾发生时，该地正处于冬春交接时节，降水量较少，草原正处于枯草期，且火场风力持续在5～6级，火势在大风的作用下迅速蔓延，为火灾扑救带来很大困难。

（2）参加扑救人员较多，通信不畅。

火灾发生地靠近中蒙边境地区，人烟稀少，通信基站数量不多，加之参战队伍较多，部分火场处于通信盲区，给组织、指挥和灭火安全带来不利影响。

（3）地形复杂，扑救难度较大。

火灾发生地处于大兴安岭与松嫩平原交接地带，地形高低起伏不平，森林和草原交错，可燃物载量较大，且该地属于温带半干旱气候，植被极度干燥，局部火势十分猛烈，火线发展不规则，给扑救带来很大难度。

（三）

4月20日8时30分，蒙古国境内距我国边境50公里处发生草原火灾。在接到内蒙古自治区森林草原防灭火指挥部火情通报后，内蒙古自治区森林消防总队立即启动应急预案，调派辖区支队的200名消防救援人员、各类型车辆30台、灭火装备800余套作为第一梯队向火场机动，同时调集邻近支队的400名消防救援人员赶赴火场开展灭火救援行动，并成立了前进指挥所来指挥和协调灭火救援行动。

（四）

（1）熟悉本想定内容，充分了解火场基本情况。

（2）以初战灭火分队指挥员的身份了解任务、判断情况、部署战斗以及组织保障。

补充想定

（一）

4月20日11时，内蒙古自治区森林消防总队第一梯队200名消防救援人

笔记

员到达火场。前进指挥所命令，利用无人机对火场进行全面勘察，根据火场态势，定下了“就近用兵、重装投入、快速到位、封控堵截”战斗决心，第一梯队沿边境防火隔离带扑打火头，在边境一线形成围堵封控之势，严防火线进入我国境内。

想定一：作为初战灭火分队指挥员，浅析草原火灾围堵封控的重难点。

（二）

4 月 20 日 14 时，邻近支队力量到达火场，地方各类灭火队伍也相继到达火场，现场灭火人数达 1700 余人。经火场补充勘察发现，火场风向转向蒙古国方，前进指挥所立即把握有利战机，决定在中蒙边境一线实施“以火攻火，沿线阻击”战术，全力阻隔火势。4 月 21 日 7 时，火场 198 公里的隔离带点烧完毕，有效地控制了火势蔓延。

笔记

想定二：请阐述“以火攻火”战术的运用时机和不足。

想定三：在隔离带点烧的过程中如遇风向突变，作为灭火分队指挥员应当如何在草原火灾现场有效组织避险？

（三）

4 月 21 日 15 时，因火场风向变化，火场东南线火势突破防火隔离带，威胁境内草场。前进指挥所对火情分析研判后，任务分队按“东西对进、扼守东南”战术安排，采用水泵与常规分队相结合的方式集中扑灭突破火点。

想定四：请分析“以水灭火”战术的运用条件。

（四）

沿边境一线全面布控、全线阻击、全时阻击，对扑打完成的抵境火段，调派消防车、消防水泵等以水灭火装备，集中力量严防死守、巡查监控，严防火场复燃威胁境内。4 月 22 日 15 时，火场实现合围，现场明火基本熄灭，火场转入清理看守阶段。17 时，队伍移交火场后安全归建。

想定五：请分析抵境草原火灾扑救的重难点。

附件（表 2-6）

表 2-6　力量编成

单位	人数
内蒙古自治区森林消防总队前进指挥所	10
内蒙古自治区森林消防总队 1 支队	200
内蒙古自治区森林消防总队 2 支队	400
合计	610

笔记

3 第三章 华北地区森林草原火灾扑救想定作业

一、河北省石家庄市某地森林草原火灾扑救想定

基本想定

（一）

5月6日10时30分，河北省石家庄市某地发生森林火灾，火场距村民居住区较近，火势一旦失控将严重影响人民群众的生产生活，给国家森林资源和人民生命财产造成重大损失。

该地位于太行山中段东麓，地处新华夏系太行山隆起带北东方位阜平隆起和井陉凹陷的过渡地带，地势自东向西北逐渐增高，境内多为山区，地势北高南低，最高峰海拔2281.5米，最低点海拔750米。该地水文资源较为丰富，河流属海河流域子牙河水系，有流域5平方公里以上河流79条，其中二级河流1条、三级河流19条、四级河流49条、五级河流10条；还有大型水库2座、中型水库2座、小型水库63座。该地由于地势高差悬殊，立体气候明显，四季分明，光照充足，降水量时空分布不均，夏暑冬寒，温差较大。春季少雨干旱，夏季炎热多雨，秋季天高气爽，冬季地冻天寒，属暖温带半湿润季风大陆性气候。年平均气温12.7摄氏度，年极端高温40.8摄氏度，年极端低温零下16.4摄氏度；年平均风速2米/秒；年平均降水530～690毫米，7～8月份降水量最多，约占全年的65%～70%。

火灾发生时，当地温度15～31摄氏度，西南风5级。

（二）

本次火灾具有以下特点。

（1）天气多变，地域特殊。

火场距离村民居住区距离较近，火势一旦失控将对自然生态造成毁灭性破坏，严重影响人民群众的生产生活，给国家森林资源和人民生命财产造成重大损失。

（2）地势险要，扑救困难。

起火地是高山峡谷地形，群峰沟谷纵横、断崖密布，部分地段山势陡峭，植被茂密，平均坡度达 60 度。火场多处为陡坡、山谷、草塘沟、山岩凸起等危险地形，接近火场异常困难。林内植被茂密、郁闭度大，火场以针阔混交林为主，灌木杂草丛生，树藤多而乱，地被物较厚，靠近火场视线差，扑救难度大。

（3）多点扑救，指挥不便。

地方扑火队先期到位处置，清理不够彻底。受气温高、风力大等因素影响，在火场区域先后出现多个烟点。消防救援队伍到达后，经勘察发现火场烟点分布不均且距离较远，只能同时多点布控，人员分散，且火场内信号时有时无，给组织指挥带来了极大的困难。

笔记

（三）

5 月 6 日 10 时 30 分，河北省石家庄市某地发生森林火灾。在接到河北省森林草原防灭火指挥部火情通报后，吉林省森林消防总队立即启动应急预案，成立总队基本指挥所，调集石家庄驻防分队 300 名消防救援人员赶赴火场开展灭火救援行动，并成立了前进指挥所来指挥和协调灭火救援行动。

（四）

（1）熟悉本想定内容，了解该森林火灾基本情况。

（2）以初战灭火分队指挥员的身份了解任务、判断情况、定下决心、部署战斗以及组织保障。

补充想定

（一）

5 月 6 日 11 时，在接到总队出动命令后，石家庄驻防分队当即出动 300 名消防救援人员，各类型车辆 31 台，灭火装备 900 余件（套），采取摩托化机动方式，于当日 21 时到达火场。到达火场后，前进指挥所利用无人机对火场进行全面勘察，发现：起火地多处为陡坡、山谷、草塘沟、山岩凸起等危险地形；火场风向多变、风力较大；火场周围 2 公里处有一条三级河流；火场西线和北线有 8 处约 2 公里断续火线。地方扑火队伍向前进指挥所进行火情通报，前期扑打明火后，仍有多处烟点。

想定一：根据火场勘察情况，请分析此时应采取哪些战术措施（不少于2种）并阐明理由。

（二）

在对火场进行充分研判后，前进指挥所部署：一分队采取“风水结合、打清推进”方式，沿火场西北线扑打；二分队依托三级河流，采取水泵消防车接续供水方式，在火场西北线跟进扑打。历时5个小时，任务分队扑打线2公里，有效遏制了火势蔓延。

想定二：根据火场地形和天气，分析灭火时应注意的事项。

笔记

（三）

5月7日4时，火场风力减小。前进指挥所通过无人机，再次补充勘察，发现：火场西北线因山腰处断崖火掉落而发生复燃；在火场东南线还有6处1.5公里断续火线和烟点。遂部署西北线分队将“风水结合、打清推进”战术调整为“分兵突进，快速堵截”战术，继续扑救西北线火场；火场西北线跟进扑打分队转战火场东南线，采取风水结合战术，扑打断续火线；同时报请总队基本指挥所，协调增派直升机实施吊桶灭火。

想定三：请分析前进指挥所做出战术调整的理由。

（四）

分队在转战火场东南线过程中，边判断方向边用油锯砍刀开路，整个开进过程海拔攀升近1000米，耗时近2小时才抵达火场东南线；受山谷地形影响，每日9时后风力逐渐加大，给分队直接灭火带来了较大的安全压力。

想定四：作为东南线灭火分队指挥员，如何带领队伍安全有效完成打火头、攻险段的任务？

想定五：在带分队机动过程中，若遇风向突变，阐述应如何组织队伍避险。

（五）

5月7日10时30分，一架直升飞机抵达火场，采取吊桶洒水与地面队伍配合方式进行灭火，保证了灭火攻坚效率。

5月8日4时，各任务分队采取“分队突击，合力攻坚”方式实现合围，火场明火全线被扑灭。任务分队继续对火场沿线实施彻底清理巡查并安排看守火场，防止火势复燃。5月8日14时，队伍移交火场后安全归建。

想定六：请阐述如何运用地空结合方式灭火。

想定七：请分析此次灭火救援行动应如何实施“小组突击，合力攻坚”战法对火场进行最后的扑救。

附件（表3-1）

表3-1　力量编成

单位	人数
吉林省森林消防总队前进指挥所	10
石家庄驻防分队	300
合计	310

笔记

二、河北省邯郸市与山西省交界某地区森林草原火灾扑救想定

基本想定

（一）

2月20日16时，河北省邯郸市与山西省晋中市交界处某林场发生森林火灾，受大风天气影响，火势迅速蔓延，形成了树冠火、高强度地表火、悬崖火立体燃烧。火场东南两条火线距离居民村落仅300余米，随时可能蔓延至村落。一旦火灾失控，将给国家和人民造成巨大损失。

该林场地处太行山脊中段和晋东南盆地的东缘中段之间，海拔多在1500米以上，相对高度在500～1000米，山势南高北低，地形沟谷切割剧烈，多为沟壑断崖，山体破碎陡峭，大部岩石裸露，地质构造较为清晰。全境以古生界石灰岩的土石山、深石山为主体，东部夹杂有石英、长石、砂砾岩，并有少量大理石及花岗岩和火山变质岩；中部由北至南的石炭系中有煤、铁矿床；中南部地表多有断壁峻岩、洞穴深壑及风化冲积土质；西、北部间有砂石、板层页岩。

起火林场涵盖国家级自然保护区，植被物种多样，保存有太行山中段较为完整的森林生态系统，森林覆盖率达40%以上，分布有多种珍稀濒危生物和特有生物。

植被主要以灌木和果树为主，中草药材繁多。起火地地处内陆，属温带大陆性气候。主要特征是：四季分明，3～5月为春季，雨少风多，冷暖多变；6～8月为夏季，高温炎热，降雨集中；9～11月为秋季，凉爽多雾，常有霜冻；12～次年2月为冬季，寒冷风大，少雪干燥。

2月份以来，受极端天气影响，火灾发生地区超过15日无有效降水，且连续多日高温，最高气温超过20摄氏度。气候异常干燥，可燃物含水率低，发生火灾后，树冠火、高强度地表火、悬崖火立体燃烧。

（二）

本次火灾具有以下特点：

（1）防控力量薄弱，先期处置难。

火灾发生区域地处山西省与河北省交界地带，由于一山隔两省，在森林火灾风险防控上易出现责任划分不明确、应急响应不及时、防火设施和预警预报系统建设相对滞后等，存在死角和盲区问题。同时，地方专业队、半专业队年龄普遍偏高，灭火力量不足，专业化程度较低，导致初发火没能得到有效控制。

（2）地形气候复杂，接近扑救难。

该火场地处太行山深山区，地形多为沟壑断崖，山势破碎陡峭，同时，该地区受地形影响，防火路建设比较薄弱，多为天然山路，且多为“断头路”“鸡爪路”。2月份以来，受极端天气影响，火灾发生地区超过15日无有效降水，且连续多日高温，最高气温超过20摄氏度，气候异常干燥，可燃物含水率低。发生火灾后，很快形成了树冠火、高强度地表火、悬崖火立体燃烧，燃烧态势猛。这就导致了消防救援人员接近扑救难度极大。

（3）火灾影响大，扑救要求高。

火灾发生地区人口密集、村落聚集，包含国家级自然保护区，植被物种多样，保存有太行山中段较为完整的森林生态系统，分布着多种珍稀濒危生物和特有生物。一旦火灾失控，将造成巨大损失，这对快速高效扑救提出了更高的要求。

（三）

2月20日16时，河北省邯郸市与山西省晋中市交界处发生森林火灾。在接到国家森林草原防灭火指挥部火情通报后，吉林省森林消防总队立即启动应急预案，成立总队基本指挥所，先后调集石家庄驻防分队310名消防救援人员赶赴火场开展灭火救援行动，并成立了前进指挥所来指挥和协调灭火救援行动。

（四）

（1）熟悉本想定内容，了解某林场森林火灾基本情况。

笔记

（2）以初战灭火分队指挥员的身份了解任务、判断情况、定下决心、部署战斗以及组织保障。

补充想定

（一）

2月21日1时40分，石家庄驻防分队出动220名消防救援人员，30台各型车辆，870余件（套）灭火装备，采取摩托化机动方式，连夜向河北省邯郸市火场机动，行程240公里，于当日6时20分到达火场。

2月21日7时，火场东、南两条火线距离最近村镇仅300余米，随时可能向房屋蔓延。前进指挥所立即部署利用无人机对火场进行全面勘察，对火场情况进行充分研判后，任务分队按照“东西对进，扼守东南”的灭火决心意图，采取水泵与常规分队相结合的灭火方式开展灭火行动。历时5个小时，消防救援人员扑打火线3.7公里，铺设洒水隔离带4公里，有效遏制了火势对村镇的威胁。

笔记

想定一：请简述采取“东西对进，扼守东南”决心意图的理由。
想定二：请分析水泵与常规分队相结合的灭火方式的运用时机和把握要点。

（二）

2月21日13时，火场西南侧因山腰处断崖火掉落而发生复燃，火线长度约1.5公里。前进指挥所部署通过运用“一点两面、边打边清”战法，两个支分队分别在火场北线东西两端相向扑打，历时3小时成功将复燃火堵截扑灭，阻止火势进一步向沟底蔓延。同时，受火场风力和温度影响，火场南线火势突然加大，浓烟四起，由中强度地表火瞬间转为高强度树冠火，严重威胁灭火队员生命安全。

想定三：请简述“一点两面、边打边清”战术的运用时机和要点。
想定四：在此情况下，请阐述应如何组织灭火队伍避险。

（三）

2月21日18时，前进指挥所部署补充勘察发现，山西省境内火势有向河北省自然保护区蔓延的趋势。前进指挥所立即调集留守石家庄驻防点的消防救援人员90人，增援河北省火场，同时命令参与初战消防救援的220人由河北省武安火场向山西省境内火场转移，按照“双线作战，合力攻坚”决心意图，成功防止火势向河北省方向蔓延，保护了自然保护区的安全。

想定五：请分析此时运用了何种战术，并说明该战术的运用时机。

（四）

2月22日8时，受风力影响，山西省境内火场发生复燃，火势为急进地表火伴有树冠火，火线长约800米，严重威胁了某村150余户群众的生命安全和百亩核桃林的财产安全。分队决定采取“风水结合、以水为主”战法，集中利用水泵压制火势、开设隔离带，保护重点目标。

想定六：作为分队指挥员，你是否同意此时采取风水结合战法？请阐述理由。

笔记

（五）

面对山高坡陡、碎石嶙峋、风向不定等不利条件，2月22日21时，调动航空救援支队出动一架直升飞机，利用吊桶洒水与地面队伍配合，运用“地空配合、立体灭火”战术，保证了灭火攻坚效率。

想定七：请分析“地空配合、立体灭火”战术的运用时机。

（六）

2月23日6时，在山西省境内火场巡查时发现两处复燃火，前进指挥所立即部署分队采取多机编组战法，迅速将火点扑灭，实现了全线封控。

截至2月23日10时，火场全线扑灭，相继实现“三无”，任务分队继续对火场沿线实施彻底清理巡查并安排看守火场，组织力量进行反复清理，以防止火势复燃。2月23日17时，队伍移交火场后安全归建。

想定八：请分析清理、看守火场的重要性，以及如何科学配置配属力量。

附件（表3-2）

表3-2　力量编成

单位	人数
吉林省森林消防总队前进指挥所	10
石家庄驻防分队	310
合计	320

三、山西省晋中市某森林草原火灾扑救想定

基本想定

（一）

3 月 17 日 11 时许，山西省晋中市某村附近因当地村民修墓燃放爆竹引发森林火灾。在强风作用下，火势发展迅猛，蔓延范围广，严重威胁附近村庄人民群众生命财产和大面积国家森林资源的安全。

该地属于山西省晋中市，位于山西省晋中市南部中段，太行山西麓，浊漳北源两岸，四县交界处。全市地形以山地、丘陵为主，各地高低相差较大。全市有野生植物 1000 多种，其中，经济价值较高的乔灌木树种近 300 种，草本植物 200 余种，列入《中国珍稀濒危保护植物名录》的有 8 种，分别为核桃楸、水曲柳、翅果油树、刺五加、猬实、黄芪、天麻、野大豆，均属国家三级保护植物。晋中市地处中纬度内陆黄土高原，属温带大陆性气候。降水主要集中在夏季，形成雨热同季的气候。年平均降雨量 400～600 毫米，无霜期 90～150 天。

根据气象部门数据，火灾发生时，火场天气晴转多云，西风 2 级，温度 0～20 摄氏度。火场气候干燥，火险等级高。

（二）

本次火灾具有以下特点。

（1）环境复杂，扑救难度高。

该火场位于山西省晋中市四县交界山区，山形陡峭、破碎、复杂，杂草、灌木、油松等易燃植被繁多，分布有大量沙棘、黄刺枚等灌木丛，腐殖层厚；遇火后地表火和树冠火交织燃烧，急速发展，强度很高，明火燃烧猛烈，扑打和清理难度极大；火场局部风向不定，林火行为多变，火场极不规则，安全风险极高。火场环境复杂，火场断崖密布，多处火点在崖壁燃烧，扑救人员上不去，常规机具和手投式灭火弹够不着，直升飞机洒水也很难抵近洒准，缺乏有效扑救手段。

（2）通联保障能力滞后。

火场地处太行山脉腹地，经济十分落后，公网覆盖率低，无线通信中继架设难度大，信号差，利用公网、超短波等手段不能随叫随到。通信只能靠定时通话来实现，制约了灭火组织、指挥的整体效率。

笔记

（3）空中力量运用上有制约。

山西省航空消防力量及航站数量偏少，火场周边不具备机降条件，导致空中观察往返时间长；虽采取空中观察指挥员上航护飞机的方式指导洒水，但成熟的空中观察指挥员比较缺乏，不能满足每架机上1人的要求。

（三）

3月17日11时许，山西省晋中市某村附近因当地村民修墓燃放爆竹引发森林火灾。在接到山西省森林草原防灭火指挥部火情通报后，森林消防局立即启动应急预案，先后调集内蒙古自治区森林消防总队河北驻防分队400名消防救援人员、吉林省森林消防总队河北驻防分队400名消防救援人员、甘肃省森林消防总队600名消防救援人员，赶赴火场开展灭火救援行动，并成立了前进指挥所来指挥和协调灭火救援行动。

笔记

（四）

（1）熟悉本想定内容，了解该森林火灾基本情况。

（2）以初战灭火分队指挥员的身份了解任务、判断情况、定下决心、部署战斗以及组织保障。

补充想定

（一）

3月18日22时，内蒙古自治区、吉林省森林消防总队河北驻防分队各400人，以摩托化方式向邻近县提前预置。3月21日9时，甘肃省森林消防总队600人作为第二梯队紧急驰援火场。3月20日21时30分，河北驻防分队800人抵达火场。前进指挥所根据火场勘察情况，将火场划分为1、2号火场，并分别组织灭火行动。

想定一：请阐述夜间灭火的注意事项。

（二）

3月21日23时至22日12时15分，内蒙古自治区森林消防总队400人、吉林省森林消防总队400人按照前进指挥所定下的“阻西、固南、守东、看北”决心意图，共同负责1号火场扑救任务。3月21日23时，两个总队采取“一点突破、两翼推进”战术，集中800名消防救援人员在火场西线打开突破口；内蒙古自治区森林消防总队沿火线右翼、吉林省森林消防总队沿火线左翼进行扑打，采取前打后清的方式，对火场可视范围内明火进行有效压制；3 月 22 日 3 时，1 号火场西线明火基本得到有效控制。

想定二：请阐述"一点突破、两翼推进"战术的运用时机和优缺点。

（三）

3 月 22 日 12 时 15 分，前进指挥所对火场补充勘察后，确定了采取"多点突破、分割围歼"战法，对 1 号火场实施合围。内蒙古自治区、吉林省森林消防总队两支分队随即调整力量部署，对火场西线实施分割围歼。截至 3 月 22 日 23 时 00 分，1 号火场明火整体得到有效控制。与此同时，增援的甘肃省森林消防总队 600 名消防救援人员全部投入 2 号火场，采取"预设隔离、以火攻火"战术，全面封控 2 号火场。

笔记

想定三：请阐述"预设隔离、以火攻火"战术的运用时机和优缺点。

想定四：请分析在此次灭火行动中可能面临的危险火环境，并阐述如何预设紧急避险方案。

（四）

3 月 23 日 6 时，内蒙古自治区、吉林省森林消防总队两支分队抽调 60 台水泵集中编组，采取"风水结合、以水为主"灭火战法，串并联结合、交替轮战、全力攻坚，将 1 号火场明火全部扑灭，取得了灭火行动的关键性胜利。因 2 号火场不具备点烧条件，甘肃省森林消防总队采取"山脚守打、纵深跟打""地空配合、立体突击"等战术方法进行扑救，并调集直升飞机集团编组吊桶作业 30 余架次，有力压制了火头，降低了火场温度、火强度和蔓延速度，为地面队伍纵深扑打创造了有利条件。3 月 23 日 16 时 30 分，甘肃省森林消防总队对 2 号火场发起总攻，截至 3 月 23 日 18 时 30 分，明火全部被扑灭。

想定五：请阐述如何高效实现"地空配合、立体突击"战术的运用。

（五）

3 月 24 日 6 时，1、2 号火场灭火救援队伍灵活采取"先线状分组巡回清理，后面状纵深推进"清理模式，综合运用"打、挖、浇、埋"等手段，对火场余火和烟点实施交叉巡回清理，巩固既得战果。3 月 24 日 11 时 00 分，火场交由武警和地方群众看守，队伍完成移交火场任务后安全归建。

想定六：此次灭火行动，队伍机动距离较远，请阐述队伍转场安全注意事项。

附件（表 3-3）

表 3-3　力量编成

单位	人数
内蒙古自治区森林消防总队	400
吉林省森林消防总队	400
甘肃省森林消防总队	600
合计	1400

笔记

四、山西省长治市某县森林草原火灾扑救想定

基本想定

（一）

3 月 29 日 13 时，山西省长治市某县发生森林火灾。在强风作用下，火势迅速向东北方向蔓延，短短几个小时过火面积就达近千公顷，严重威胁附近村镇及多个国家级自然保护区和森林、草原公园的安全。

该县位于山西省中南部，太岳山东麓，西北隆起，东南倾低，山峦起伏，地形复杂，总体呈盆地状。平均海拔 1400 米，最高达 2523 米。全县森林面积 220 万亩，天然牧坡 120 万亩，森林覆盖率接近 60%，全省第一，林木类型主要以油松为主，是全国天然林保护重点县。该县地被植物非常茂密，且近 30 年封山育林，林内可燃物载量很大。

该县地处黄土高原东南部，群山环绕，大陆性季风强烈、持久，暖温带大陆性气候显著，气候温和、干燥，四季分明。年平均气温为 10.3 摄氏度，年降水量在 511.2～795.9 毫米，平均日照时数为 2185.1 小时，无霜期平均为 220 天。

根据气象部门数据，火灾发生时，该县平均气温为 1～17 摄氏度，且 3～5 月平均降水量不足 10 毫米，火场风向不定，上午通常风力 2～3 级，每日 15 时后风力增大至 4～5 级，阵风可达 7 级以上，气象条件极不稳定。

（二）

本次火灾具有以下特点。

（1）地形复杂。

该县地处山西省中南部、太岳山东麓，有山地、丘陵两种地形，平均海拔约1400米，最高达2523米；火场山形整体走势不明显，沟壑纵横、交错分布、山体陡峭，局部坡度达70度以上。

（2）植被特殊。

该县森林覆盖率接近60%，全省第一，林木类型主要以油松为主，是全国天然林保护重点县。该县地被植物非常茂密，且近30年封山育林，林内可燃物载量很大。

（3）气象多变。

火场区域平均气温1～17摄氏度，昼夜温差大，夜间气温零下5～7摄氏度；火场风向不定，上午通常风力2～3级，每日15时后风力增大至4～5级，阵风可达7级以上，气象条件极不稳定。

（4）火强度高。

火场地表火、树冠火交替发展，在7级大风作用下，火势发展快、烟尘大，瞬间形成高强度树冠火立体燃烧，1小时可向不同方向、无规则蔓延2～4公里。

（5）目标分布多。

附近有6个乡镇48个村、18家企业（含8家危化企业），确保重点目标安全的压力极大。

（6）危险程度高。

受地形、植被、气象等条件影响，火场飞火、火爆发生频率高，直接扑打明火危险系数大，不利于灭火队伍展开灭火救援行动。

（三）

3月29日13时，山西省长治市某县发生森林火灾。内蒙古自治区森林消防总队在接到山西省森林草原防灭火指挥部火情通报后，立即启动应急预案，成立总队基本指挥所，调派山西省驻防分队的80名消防救援人员赶赴火场开展灭火救援行动；同时集结内蒙古自治区森林消防总队4个支队和总队直属大队的710名消防救援人员作为第一梯队增援火场；总队基本指挥所根据前期火情研判，上报国家消防救援局调派甘肃省森林消防总队、国家消防救援局机动支队共500名消防救援人员作为第二梯队向火场机动，并成立前进指挥所来指挥和协调灭火救援行动。

（四）

（1）熟悉本想定内容，了解某林场森林火灾基本情况。

笔记

（2）以初战灭火分队指挥员的身份了解任务、判断情况、定下决心、部署战斗以及组织保障。

补充想定

（一）

3 月 30 日 1 时，山西省驻防分队 80 名消防救援人员到达火场，第一时间利用无人机对火场开展勘察。根据火场情况，前进指挥所定下“先封控、再消灭”决心意图，队伍边机动、边赋予任务，到位直接投入指定火线。3 月 30 日 14 时，内蒙古自治区森林消防总队的 710 名消防救援人员到达火场。前进指挥所根据火场态势，将山西省驻防分队和第一梯队分为两个灭火分队，分别投入火场北线和西北线开展灭火救援行动。两个分队分别采取“地空配合、军地协同”“多点突破、分段歼灭”“强攻推进、递进超越”等战术手段，对火场北线西段和西北线明火进行扑打，形成封控之势。

笔记

> 想定一：作为初战分队指挥员，如何带领队伍安全有效完成打火头、攻险段任务？
>
> 想定二：请分析无人机对火场开展勘察的优缺点。

（二）

在大风作用下，火势继续向东南方向蔓延。3 月 30 日 17 时 30 分，第二梯队增援力量到达火场。根据前进指挥所命令，第二梯队投入火场北线东段阻击火头，遏制火势向村庄蔓延，确保 168 间民房的安全。19 时 30 分负责北线东段火线的第二梯队在扑打至村庄附近即将合围时，火场突起 6～7 级阵风，火势迅速增大，形成高强度树冠火，严重威胁灭火人员的安全，队伍立即实施紧急避险。

> 想定三：火场突遇大风致火势增大，在此情况下，如何带领队伍进行紧急避险？

（三）

由于未能成功拦截火头，火势继续向北蔓延。3 月 31 日 20 时，前进指挥所根据火线蔓延态势，命令第一梯队 500 名消防救援人员协同地方实施增湿作业，阻隔林火向北蔓延，第二梯队 300 名消防救援人员依托道路严守北线东段。当晚，火场东南风升至 4～5 级，阵风 7 级，火场再次形成高强度树冠火，越过隔离带继续向北迅猛蔓延，灭火队伍紧急避险。4 月 2 日 15 时，灭火队伍以“重点布防、泵车结合、以水灭火”战法，成功保卫了村庄的安全。

想定四：跨区增援，在环境不熟悉、地域不熟悉、任务不熟悉的情况下，如何弥补体能储备不足，并有效应对复杂环境灭火经验相对不足等问题？

（四）

4 月 2 日 21 时，前进指挥所决定在核心任务区域火头前方公路隔离带实施点烧、以火攻火灭火，阻止大火继续向北发展。根据前进指挥所命令，第一梯队在北线实施点烧；第二梯队向北对西段火线实施点烧，并于 4 月 3 日凌晨全线完成点烧；4 月 3 日 7 时，北线、北线西段火线得到有效控制。4 月 3 日下午，火场转为西南风，为防止圈内火突然增大突破东侧公路，前进指挥所立即调派第一梯队 300 名消防救援人员增援东线。4 月 4 日 5 时 30 分，火场外线实现全线封控，灭火工作取得关键性胜利。4 月 5 日 7 时，整个火场外线全部有效封控，火场明火基本熄灭，转入清理看守阶段。4 月 5 日 10 时，队伍移交火场后安全归建。

想定五：森林灭火是人与自然灾害的抗争，必须尊重自然、敬畏自然，准确把握森林火灾特点规律，抓住最佳时段、选择最佳地段、运用最佳手段。请阐述如何坚持“宜攻则攻、宜守则守”，充分把握每一次有利战机加速推进，又不盲目蛮干以身涉险的作战原则。

附件（表 3-4）

表 3-4　力量编成

单位	人数
内蒙古自治区森林消防总队	790
机动支队	300
甘肃省森林消防总队	200
合计	1290

笔记

五、北京市某区森林草原火灾扑救想定

基本想定

（一）

3 月 30 日 13 时，北京市某区因村民维修管道烧火不当引发森林火灾。在大风作用下，火头迅速向东南、南部的平谷区境内蔓延，过火总面积约 1233 亩，过火林木 58000 余株，严重威胁周边人民群众生命财产安全。

该区东、北、西三面环山，中部低缓，西南开口呈簸箕形，自然地貌特征为"八山一水一分田"，山区面积约占 80%，水源保护区占全区面积 75%，最高峰海拔 1735 米。起火林场总面积 8320 公顷，森林覆盖率 70.13%。起火点地处某自然风景区附近，四周多为悬崖峭壁，平均坡度约 60 度，火场内有两条简易山路可通行。植被主要有卷柏科、阴地蕨科等 105 科 717 种，物种繁多，被称为野生资源库。起火地植被以油松和杂灌为主，林内枯枝、落叶多，部分地段腐质层达 10 厘米。该区属暖温带季风型大陆性半湿润半干旱气候，冬季受西伯利亚、蒙古高压控制，夏季受大陆低压和太平洋高压影响，四季分明，干湿冷暖变化明显。年极端最高气温 35.8 摄氏度，年极端最低气温零下 24.1 摄氏度。年平均降水量 1235.2 毫米。最大日降水量 145.7 毫米。

进入 3 月份，该地无降水，天气持续干燥，风力较大，属于森林火灾的高风险天气。火灾发生时，天气为晴间多云，最高气温 25 摄氏度，西北风 5～7 级，火场阵风达 8 级。

（二）

本次火灾具有以下特点。

（1）植被特殊，可燃物载量大。

起火林场植被类型主要以油松、杂灌和经济林为主，腐质层厚，林内枯枝、落叶多，部分地段腐质层达 10 厘米，可燃物载量大且易燃、难清理。

（2）重点目标多，扑救压力大。

火场靠近某自然风景区，火灾发生时正处于旅游高峰期，游客较多。在大风作用下，火势蔓延迅速，严重威胁风景区内游客及周边人民群众生命财产的安全，给扑救带来极大压力。

（3）火情复杂，扑救调度难度大。

该林火类型主要以夜间火、悬崖火为主，夜间火利于扑打但不安全因素多，悬

笔记

崖火人员难以接近，扑打困难。扑救力量既有森林消防队伍，又有地方专业队，既有驻地力量，又有跨省的增援力量，既有解放军、武警和公安民警，又有地方群众，配合难度大，现场指挥调度难度大。

（三）

3 月 30 日 13 时，北京市某区某镇因村民维修管道烧火不当引发森林火灾。火情发生后，北京市森林草原防灭火指挥部立即启动应急预案，同时向国家消防救援局通报火灾情况。在接到火情通报后，国家消防救援局迅速调集驻地 150 名消防救援人员，邻近内蒙古自治区森林消防总队 300 名消防救援人员，协同北京市、天津市和河北省三地 19 个地方扑火队 400 人、地方群众约 1200 人，共约 2350 人参与扑救。

（四）

（1）熟悉本想定内容，了解某林场森林火灾基本情况。

（2）以初战灭火分队指挥员的身份了解任务、判断情况、定下决心、部署战斗以及组织保障。

补充想定

（一）

3 月 30 日 14 时 40 分，在接到出动命令后，驻地森林消防队伍前进指挥所带领 150 名消防救援人员到达火场，并立即部署开展火场勘察。经现地勘察，火头在西北风作用下迅速向东南、南线发展蔓延，严重威胁某自然风景区安全。前进指挥所根据火灾态势决定，采取“保重点、阻南线、打火头”战法，由驻地森林消防队伍负责火场东南线，地方专业队负责火场南线，全力阻止林火向风景区发展蔓延，确保重点目标安全。15 时 15 分，驻地 150 名消防救援人员到达火场东南线，利用现地消防管道采取以水灭火和常规灭火相结合的手段分三路扑救风景区北、西、南三线明火，累计扑灭火线 600 余米，清理烟点 12 处，控制住火场东南线明火，解除了明火对风景区的威胁。

想定一：作为初战分队指挥员，如何带领队伍安全有效完成打火头、保重点的任务？

（二）

3 月 30 日 20 时 30 分，增援的内蒙古自治区森林消防总队 300 名消防救援人员

笔记

到达火场。前进指挥所部署补充勘察，根据火灾发展态势，决定将增援力量投入火场南线，配合地方扑火队扑灭南线火灾。增援分队到达火场南线后，发现此时火势为下山火，部分地段形成树冠火，火势发展迅速，增援分队抓住风力减小、气温降低的有利时机，采取“递进超越、前打后清”战术手段，在坡度60度的地形条件下，快速接力架设水泵，铺设水带600米，共扑灭火线400余米，清理烟点7处，于3月31日5时将火场南线明火扑灭。至此，历经9个小时连续工作，火场东南线、南线明火全部被扑灭，火场转入清理看守阶段。

想定二：请阐述扑打下山火的注意事项。

（三）

笔记

3月31日5时30分，前进指挥所利用无人机对火场全面勘察，火场外线明火均已被扑灭，火烧迹地内仍有断续余火，火场西北线有部分烟点。根据火场勘察结果，前进指挥所决定采取“边打边清、稳步推进”战术扑打余火、清理烟点，实现对火场的有效控制。驻地森林消防队伍负责火场中部，由东向西沿林内步行道扑打火场中部断续火线。由于山高、林密、坡陡，多处林火难以扑打，驻地森林队伍集中铺设管带1.3公里，整合多台水泵接力续水实施以水灭火，共扑灭火线200余米，清理烟点23处，于10时15分将火场中部余火、烟点扑灭。增援的内蒙古自治区森林消防总队负责火场西北线。队伍到达火场西北线后，采取常规和灭火炮清理相结合的方式，清理悬崖处烟点11处。15时，火场西北线烟点清理完毕。

想定三：针对火场西北线断崖交错、烟点火点密布和人员装备无法到达的实际，阐述如何选择最佳地段、运用最佳手段对西北线火点、烟点组织清理，以达到较好效果。

（四）

3月31日15时30分，因天气突变，火场北线出现复燃火。前进指挥所立即命令增援灭火分队向火场北线机动。灭火分队到达火场北线后，立即采取“边打边清”战术，共扑灭火线150米，清理烟点8处，于17时将明火扑灭。22时10分，火场西南线再次发生复燃，驻地灭火分队采取“南北夹击、边打边清”战术，共扑灭火线30余米，清理烟点5处，于4月1日1时20分将余火扑灭。随后，参与灭火救援的力量全线看守火场，实施反复纵深清理。4月1日14时00分，火场实现“三无”。

想定四：清理看守是整个灭火行动非常重要的环节，“三分打、七分清”，清理不够彻底，很可能发生复燃。作为分队指挥员，请阐述清理火场时如何做到分段明确、组织严密。

附件（表 3-5）

表 3-5　力量编成

单位	人数
机动支队	150
内蒙古自治区森林消防总队	300
合计	450

笔记

第四章 华东华中地区森林草原火灾扑救想定作业

一、湖南省永州市某森林草原火灾扑救想定

基本想定

（一）

10 月 17 日 16 时 50 分，湖南省永州市某县发生森林火灾，大火蔓延极为迅猛，火线东西、南北跨度超过 20 公里，单条火线最长达 30 公里以上，累计过火面积超 14800 公顷，火势一旦失守，将直接威胁周边县城，包括 5 个乡镇的 28 个村庄、9000 多间民房、1 处炸药仓库、5 家油气站、34 座风力发电基站以及 1000 多个鹅鸭养殖场、国家森林公园和国有林场等重点单位，将造成重大人员伤亡和财产损失。

该林场位于湖南省南部三面环山、向东北开口的马蹄形盆地的南缘，境内地貌复杂多样，地表切割强烈，以三大山系为脊线，呈环带状、阶梯式向两大盆地中心倾降。河川溪涧纵横交错，山岗盆地相间分布，最高海拔 1080 米，最低海拔 200 米，地势西南高，东北及中部低。火场所在地高差 620 米，山势险峻、沟谷纵横，陡坡、窄山脊、单口山谷等高危环境、合并地形随处可见，最大坡度超过 60 度。植被以幼松林为主，林内蒿草丛生、藤蔓缠绕、枝叶相连。

起火地区属中亚热带大陆性季风湿润气候区，气温较高，严寒期短；春温多变，寒潮频繁；夏热期短，夏季多雨；夏秋多旱，光照充足；无霜期长，四季分明。

自 6 月份以来，起火地近 5 个月滴雨未下，植被严重脱水，成片枯死。起火时，当地风力达 7 级以上。20 日至 25 日，夜间至次日上午风力 1～2 级，中午 12 时后 2～3 级。

（二）

本次火灾具有以下特点。

（1）跨省增援、距离远。

森林消防总队跨省出动 861 人、133 辆车，兵分两路，千里奔袭、紧急驰援，最远的机动距离超过 2100 公里，在 36 小时内全部到达火场。

（2）面宽线长、险点多。

受 10 月 17、18 日连续 7 级以上大风影响，大火蔓延极为迅猛，据湖南省统计，累计过火面积超 14800 公顷。东西、南北跨度超过 20 公里，单条火线最长达 30 公里以上。山火直逼县城、国家森林公园和国有林场，直接威胁 5 个乡镇的 28 个村庄、9000 多间民房、1 处炸药仓库、5 家油气站、34 座风力发电基站以及 1000 多个鹅鸭养殖场，一旦失守，将造成重大人员伤亡和财产损失。

（3）火情极端、扑救难。

火场植被以幼松林为主，林内蒿草丛生、藤蔓缠绕、枝叶相连。火场高差 620 米，山势险峻、沟谷纵横，陡坡、窄山脊、单口山谷等高危环境、合并地形随处可见，最大坡度超过 60 度。6 月份以来，该地近 5 个月滴雨未下，植被严重脱水，成片枯死。20 日至 25 日，夜间至次日上午风力 1～2 级，中午 12 时后 2～3 级；火场气温 20～32 摄氏度，林内受大火炙烤温度更高。扑救中，凌晨至上午火势比较平稳，利于扑打；下午受地形、高温和植被极度干燥影响，局地易出现地表火、树冠火立体燃烧，二次燃烧，爆燃等现象；夜间总体风小，但大火造成热对流加剧，因火成风，反助火势，进而出现飞火、火旋风等极端火行为，扑救异常艰难。

（三）

10 月 17 日 16 时 50 分，湖南省永州市某县发生森林火灾。在接到湖南省森林草原防灭火指挥部火情通报后，森林消防局立即启动应急预案，调集四川省森林消防总队 861 名消防救援人员、133 车紧急驰援，并成立了前进指挥所来指挥和协调灭火救援行动。

（四）

（1）熟悉本想定内容，了解该林场森林火灾基本情况。

（2）以初战指挥员的身份了解任务、判断情况、定下决心、部署战斗以及组织保障。

笔记

补充想定

（一）

10月20日6时，灭火队伍陆续到达火场。前进指挥所立即部署火场勘察，经地面和空中勘察发现，火线主要集中在东西两线，形成两个相距23公里相对独立的火场；早晨火场无风，火势较小，形成极佳的灭火“窗口期”。根据火场态势，前进指挥所定下“东西合围、北线封控”决心意图，先期到达的分队，共450人，全部投入东线；后续到达的分队，共350人，投入西线，实施多点突破、分割围歼；另一支分队阻截火场北线。10月20日14时，直升飞机队伍到达火场。在直升飞机和水车配合下，队伍全力打火头、攻险段、灭明火。

笔记

想定一：作为分队指挥员，请阐述多点突破、分割围歼战术、战法的应用。

想定二：在直升飞机到达现场后，如何有效带领队伍实现空地配合？

（二）

10月21日9时41分，一支分队150人，在火场西南线沿火烧迹地扑打最后几段火线时，在无风情况下，火烧迹地突然发生复燃，进而引发剧烈爆燃，分队指挥员迅速组织队伍紧急避险。但因火场变化太快，导致承担断后任务的21名消防救援人员被大火烧伤。前进指挥所当即命令所有队伍于10月21日11时撤离火线，伺机再战。

想定三：作为分队指挥员，如何在危险情况下确保灭火队员安全，带领队伍迅速紧急避险？若有队员受伤，应如何做好伤员初期救治？

（三）

10月22日上午，前进指挥所部署火场补充勘察。由于灭火人员全部撤出，高温导致火线复燃，火场面积进一步扩大，东线发展为4条7～10公里的火线，西线火线则长达20余公里。尤其西线火场植被异常茂密、地形更为险峻，外围沿沟谷虽有2条乡村路，但谷深路窄，一旦被大火突破，辛苦经营30余年的国有林场将付之一炬。根据火场态势，前进指挥所迅速调整战略部署，决定采取“打烧结合、挖砍同步、清守一体”战术措施。

想定四：在此情况下，请阐述如何合理安排队员保护重点目标、开设隔离带，防止火势进一步扩大？

（四）

10 月 23 日晚出现火场无风且火势较小的有利战机，前进指挥所决定立即打烧结合，同时安排数十台挖掘机、推土机和 1000 多名灭火队员、群众，在东西两线北侧各砍挖出一条近 5 公里的阻火带和生土隔离带，消防水车坚守村屯民居。经过连续 2 天的努力，截至 10 月 25 日中午，东西两线的火同时被扑灭，火场转为清理看守阶段。10 月 26 日队伍移交火场，10 月 27 日组织撤离，10 月 28 日安全归建。

笔记

想定五：根据该火场的具体情况，请阐述清理火场时应注意的事项。

附件（表 4-1）

表 4-1　力量编成

单位	人数
四川省森林消防总队前进指挥所	11
四川省森林消防总队 1 支队	400
四川省森林消防总队 2 支队	450
合计	861

二、湖北省孝感市某森林草原火灾扑救想定

基本想定

（一）

10 月 1 日 12 时 40 分左右，湖北省孝感市某森林突发火灾。现场火势凶猛，过火面积迅速扩大至 1000 余亩，受大风天气影响，形成的新火头向周边村庄方向发展，情况非常危急。火势一旦失守，将严重威胁附近村庄人民群众生命财产和大面积国家森林资源的安全。

该林场位于湖北省东北部，地处大别山南麓、江汉平原北部。地形北高南低，

以丘陵山地为主，澴水居中贯穿南北。东北部为低山区，海拔500～1000米；西南部低矮缓丘，海拔在100～500米。该地属亚热带季风性湿润气候，四季分明，春季寒潮活动频繁，气温骤升骤降，晴雨间变，春末夏初气候温和，雨水充沛，风向多变；夏季常有“梅雨”，一般是6月中旬进入梅雨季节，7月中旬出梅，出梅后常常出现高温干旱，同时盛刮偏南风（南洋风），因而容易导致旱涝灾害；秋季晴多雨少，秋寒开始侵袭，深秋带有秋高气爽的“小阳春”天气；冬季盛行偏北风，寒冷少雨，常有冰凌冻害出现。该林场植被主要为马尾松、杉木、香椿、泡桐、意杨等，有野生植物100多种，其中有银杏等国家一级重点保护树种和楠木、杜仲、榉树、椴树等国家二级重点保护树种。

根据气象部门数据，该地自7月份开始降水稀少，降水量仅有上一年同期的20%左右，创近50年来的历史新低。仅9月份湖北省就因干旱先后发生了33起森林火灾，占全国森林火灾总数的20.4%。火灾发生时气温28摄氏度，该地连续90天干旱无雨，山口阵风达5～6级。

笔记

（二）

10月1日12时40分左右，湖北省孝感市某森林突发火灾，现场火势凶猛，过火面积迅速扩大至1000余亩。

本次火灾具有以下特点。

（1）重要目标多、威胁大。

火场附近有两处国家级自然风景名胜，火场北侧为4A级国家森林公园，是旅游休闲胜地，国庆期间游客络绎不绝；南侧是5A级人文自然景区，又是知名道教胜地，历史文化底蕴深厚。同时，火灾发生地处三县交界，居住人数众多，大部分村民依山而居、林耕交错，周边居住人数达190户920余人，火灾发生后有56户230余人转移。

（2）地形复杂，可燃物类型多。

火场林密、坡陡、沟壑纵横，地形最大高差达约300米，部分地区人员难以徒步进入。该地区油松、柏松、次生林、藤条、茅草等混合交织在一起，加之10多年没有发生森林火灾，林相混杂，地被物较厚，立体可燃物纵横交错，火势发展极其迅猛。

（3）连续干旱，风大气温高。

湖北省自7月份开始降水稀少，降水量仅有上一年同期的20%左右，创近50年来的历史新低。仅9月份湖北省就因干旱先后发生了33起森林火灾，占全国森林火灾总数的20.4%。火灾发生时，该地连续90天干旱无雨，山口阵风达5～6级。

（4）危险火行为较多，扑救困难。

该火场受风向、风力、温度、湿度、坡度、植被的影响，火势常出现强、弱、进、退难以判断的情况，时常出现火爆、火旋风和飞火，极易形成火场小气候，对灭火队员接近火场和扑救林火造成了一定的安全威胁。

（三）

10 月 1 日 12 时 40 分，湖北省孝感市发生森林火灾，在接到湖北省森林草原防灭火指挥部火情通报后，森林消防局立即启动应急预案，调集福建省森林消防总队和机动支队 520 名灭火救援人员紧急驰援，并成立了前进指挥所来指挥协调灭火救援行动。

（四）

（1）熟悉本想定内容，了解该林场森林火灾基本情况。

（2）以初战灭火分队指挥员的身份了解任务、判断情况、定下决心、部署战斗以及组织保障。

补充想定

（一）

10 月 1 日 12 时 40 分火灾发生后，由于前期缺少专业力量，错过了最佳扑救时机，导致火势迅速扩大至 1000 余亩。1 日 14 时，应急管理部连线森林消防局和火场联指，召开三级视频调度会议，当机立断决定："调动周边森林消防力量和飞机实施跨省增援。"局机关统筹调度，命令机动支队驻湖北省武汉大队 100 人先期处置，同时命令福建省总队部分灭火救援人员及机动支队驻江西省南昌大队、驻安徽省黄山大队共 420 名灭火救援人员作为增援力量异地同步、连夜启程、多点向心，向火场跨省驰援。

10 月 2 日 1 时，救援力量抵达火场后，前指部署初期火场勘察。经火场勘察，发现火线主要集中在西线、北线，以及火场地形复杂、周围有可用水源等情况。前指定下"开设隔离、侧翼突击、快速推进、确保重点"决心意图，组织队伍分两路展开行动，其中一个分队集中所有水泵，从西南线山脚处侧翼强行打开突破口，切入火线后分别向南和西北方向追击火头；另一个分队从火场北线迂回插入火头中间地带，沿乡村路预设隔离，实施以火攻火，阻截向周边村庄发展的火头，确保周边村庄和风景区安全。

想定一：作为分队指挥员，请阐述"开设隔离、侧翼突击、快速推进、确保重点"时的注意事项。

笔记

想定二：灭火行动中，突遇大风天气多处跑火，应带领队员如何紧急避险或撤退？

（二）

10月2日4时许，火场风力渐缓，风向有变化趋势，前进指挥所部署对火线主要地段进行补充勘察。勘察发现火场东线有断续火线3.5公里左右，火头已经越过山顶小路向东边山下蔓延，此时火场风力不到2级，火场温度降低、湿度逐渐增大。前指根据火场态势立即对灭火队伍部署进行调整，确定了“全线用兵、保护重点、分段扑灭”决心意图，制定了“后翼切入、直接扑打东南线；地空配合、水泵接力控制东线；预设隔离、打清结合阻隔东北线”整体行动方案。具体行动部署为：将队伍按照编制隶属关系分为四个分队。一分队划分3组采取递进超越战术分段扑打火场东南线的火尾；二分队编成4组，与直升飞机地空配合阻截火头向风景区发展；三分队架设水泵采取以水灭火战术全力扑打东线的火线；四分队迂回穿插至东北线预设隔离。同时，联合指挥部协调调集湖北省消防救援总队和地方政府共1000人、8辆消防车配属机动支队连续接力供水。11时许，70名消防救援人员到达火场。同时，调派福建省总队消防救援人员增援火场东北线与机动支队驻南昌大队汇合，并展开行动。15时许，火场外线明火全线扑灭。16时，火烧迹地内全部烟点清理完毕。

笔记

想定三：请阐述如何利用天气、地形等有利条件，抓住有利战机，及时调整战术措施，实现高效灭火。

想定四：请阐述悬崖火的处置方法。

（三）

10月2日16时许，火场全线已达到“三无”，火场转入清理看守阶段。前进指挥所随即召集任务分队改组成立看守小组，每组配属地方专业扑火队20人，划定固定区域，明确结合部责任；在看守形式上采取“点、线、面”相结合的方式，以远程监控为看守点，以火线固定看守力量为边线，以网格化纵深巡护为拓展面，确保火场安全；在力量储备上，抽调3个大队各10名消防救援人员组成突击队，随时应对突发情况。10月3日11时，经地面和空中观察，火场实现“三无”，各单位相继撤离归建。

想定五：请阐述看守火场阶段的重要性及组织实施方法。

附件（表4-2）

表4-2　力量编成

单位	人数
机动支队	220
福建省森林消防总队	300
合计	520

三、湖南省株洲市某地森林草原火灾扑救想定

基本想定

笔记

（一）

8月17日16时，湖南省株洲市某地发生森林火灾，在强风作用下形成了树冠火、高强度地表火、悬崖火混合立体燃烧，火势发展迅猛，蔓延速度快，严重威胁人民群众生命财产和大面积国家森林资源的安全。

该林场地处湖南省东南部、罗霄山脉中段、井冈山西麓，森林覆盖率达83.55%，东西宽50.49公里，南北长50公里。地形大势为东南高亢、西北平缓，最高处海拔2115米，最低处海拔116米，高差达1999米。地貌以山地为主，占全境的86.9%。植被以竹木为主。该地属中亚热带季风湿润气候区，四季分明，昼夜温差大，冬无严寒，夏无酷暑，年平均气温在12.1～17.2摄氏度。

气象部门数据显示，火灾发生时，火场天气晴转多云，西风2级，温度15～26摄氏度，气候干燥，火险等级高。

（二）

本次火灾具有以下特点。

（1）重要目标多，威胁大。

该森林火灾发生在某国家级自然保护区，涵盖国家级自然保护区、国家森林公园、国家4A级景区，保护区保存着华南地区面积最大的原始森林（10万亩），且炎陵与周边七个中心城市形成两个半小时的交通圈，是湘东南区域的交通枢纽，居住人数众多，大部分村民依山而居、林耕交错，为火灾扑救行动带来了巨大压力。

（2）可燃物多，扑打清理难。

接近火线后，竹林、密灌杂乱分布，清理过程中，有很多站杆一直在冒烟，油锯和水泵等发挥不了作用，只能转为外围看守，极大地耗费了人力和时间。腐殖层厚，没有充足的水源，只能用手工工具挖刨，近 150 名指战员耗时 7 个小时才挖出了一条 3 公里的防火沟，清理难度较大。

（3）天气干燥，风大气温高。

火场受风向、风力、温度、湿度、坡度、植被的影响，难以判断火势发展的方向和强度，极易形成火场小气候，出现火爆、火旋风和飞火，对灭火队员接近火场和扑救林火造成了一定的安全威胁。

（三）

8 月 17 日 16 时，湖南省株洲市某地发生森林火灾，在接到湖南省森林草原防灭火指挥部火情通报后，国家消防救援局立即启动应急预案，跨区域调动四川省森林消防总队增援火场。在接到调动命令后，四川省森林消防总队立即启动跨区域增援预案，成立总队基本指挥所，先后梯次调派 500 名消防救援人员，跨区域向火场机动参与灭火救援行动，并成立了前进指挥所指挥和协调灭火救援行动。

笔记

（四）

（1）熟悉本想定内容，了解该森林火灾基本情况。

（2）以初战灭火分队指挥员的身份了解任务、判断情况、定下决心、部署战斗以及组织保障。

补充想定

（一）

8 月 18 日 6 时 40 分，四川省森林消防总队前进指挥所带领增援的 500 名消防救援人员到达火场，然后立即利用无人机和热成像望远镜等手段勘察火场。经勘察发现，火场以南约 4 公里处发现有另一火场，两个火场均为稳进地表火伴局部树冠火。1 号火场北侧有一条长约 2 公里的火线，东、西线有少量烟点；2 号火场西线、南线均有明火。

想定一：简要阐述火场勘察的方法和注意事项。

（二）

8 月 18 日 9 时，根据火场勘察情况，前进指挥所将现有扑救力量分两路进行配置，具体部署如下。

1号火场：四川省森林消防总队一分队200名消防救援人员在火场北侧火线较弱位置打开突破口，分别向东、西方向扑打，水泵分队和常规分队协同扑打；二分队50人分别向东、西线开进，对火场东西方向烟点进行清理；地方专业扑火队170人在火场南线开设隔离带，防止风向突变火势向南侧蔓延。

2号火场：四川省森林消防总队三分队100人在火场西北线采取“一点突破、两翼推进”战法突破火线，分别向北和西南方向扑打；四分队150人开进至火场南线，采取“前突分队开辟路线、后续分队手工工具挖刨隔相结合”方式，运用“一线推进、边打边清”战术向火场东、西方向扑打；地方专业扑火队100人以火场东南侧水源为依托，利用水泵和水枪采取“风水结合、边打边清”战术，阻截火势向南蔓延。

8月19日20时32分1号火场两个灭火分队实现扣头，1号火场明火全部被扑灭，队伍转入清理看守阶段。

8月20日20时10分2号火场两个灭火分队实现扣头，2号火场明火全部被扑灭，队伍转入清理看守阶段。

> 想定二：请简述采取“一线推进、边打边清”战术的理由。
> 想定三：请分析水泵与常规分队相结合灭火方式的运用时机和把握要点。

（三）

1号火场：明火全部被扑灭，队伍转为清理看守严防复燃。勘察小分队利用勘察的东线小溪构筑水坝，架设水泵对400米半径范围内火场进行清理，配属力量利用小溪向四川省森林消防总队灭火分队进行供水，火场实现“三无”，8月21日18时15分移交火场，队伍撤离。2号火场：8月20日20时10分明火全部被扑灭，火场转入清理看守阶段，直至实现“三无”；前线指挥员研判形势，组织全部力量沿火线进行反复清理，并利用手工具开挖出宽40厘米、深40厘米、长3.3公里的防火沟阻止地下火蔓延。22日10时队伍移交火场后徒步撤离。8月23日17时58分，队伍全部安全归建。

> 想定四：请分析清理、看守火场的重要性，以及如何科学配置力量。

附件（表4-3）

表4-3　力量编成

单位	人数
四川省森林消防总队前进指挥所	10

笔记

续表

单位	人数
四川省森林消防总队 1 支队	300
四川省森林消防总队 2 支队	190
合计	500

笔记

5 第五章 华南地区森林草原火灾扑救想定作业

一、福建省三明市某县森林草原火灾扑救想定

基本想定

（一）

5月1日，福建省三明市某县发生森林火灾，火势借大风快速蔓延，从东南至西北方向形成3条断续火线，其中最近火线距离村庄和厂房等重点设施仅有200余米，一旦火势失去控制，将严重威胁森林资源和重点设施安全。

该县地形属山区丘陵地带，山峦蜿蜒，高峰峻立，沟涧密布。地势大致由西南向东北倾斜，东西宽57公里，南北长75公里。千米以上的山峰有175座，最高处海拔1553.4米，最低处海拔不到200米。该县溪流纵横，河网密布，是闽江、九龙江、晋江三大水系支流的发源地之一。森林面积232.45万亩，占宜林地面积67.9%，森林覆盖率48.6%，绿化率71.03%。有林地中乔木林分面积214.19万亩，乔木经济林面积1.45万亩，竹林面积12.5万亩，其中含有马尾松等松类林分面积达152.12万亩，占林地面积的57.71%，松类占优势的松林面积达86.34万亩，占林地面积的32.72%。植物种类141科621种，珍稀树种20多种，属国家一级保护的有水杉，二级保护的有银杏、杜仲、福建柏、红豆杉、铁坚杉、三尖杉、金钱松等。

该县属中亚热带季风湿润区，冬无严寒，夏无酷暑，日照充足，雨量充沛，年平均气温15.3～19.6摄氏度，年平均降雨量1491.7～1809.6毫米，年平均日照时数1723.8小时，无霜期297天。

根据气象部门数据，5月份福建省全境森林火险等级3级，火险等级较高。火灾发生时，该县持续高温，最高温度达32摄氏度，近一个月降雨量低于同期平均

水平，且火场风向不定，平均风力达5～6级。

（二）

此次火灾呈现以下特点。

（1）火场风向不定，扑救难度大。

根据气象部门数据，火灾发生时，火场平均风力达5～6级，且风向不定。火势借大风迅速蔓延，不确定的风向对灭火队伍的安全造成威胁，增加了火灾扑救的难度。

（2）火场植被茂密，中高强度地表火、树冠火混合蔓延。

根据初战灭火分队勘察发现，火场植被茂密，主要以茅草、松树、杂灌为主，且林内堆积大量腐殖层，火势为中高强度地表火，局部伴有树冠火，总体为上山火趋势。

（3）火线较多，且靠近村庄和厂房等重点设施。

笔记

火场从东南至西北方向形成3条断续火线，其中最近火线距离村庄和厂房等重点设施仅有200余米，一旦火势失去控制，将严重威胁森林资源和重点设施的安全。

（三）

5月1日，三明市某县突发森林火灾。15时30分，在接到福建省森林草原防灭火指挥部火情通报后，福建省森林消防总队立即启动应急预案，成立总队基本指挥所，调派辖区支队100名消防救援人员赶赴火场开展灭火救援行动，调派邻近支队200名消防救援人员增援火场，并成立了前进指挥所来指挥和协调灭火救援行动。

（四）

（1）熟悉本想定内容，充分了解火场基本情况。

（2）以初战灭火分队指挥员的身份了解任务、判断情况、部署行动以及组织保障。

补充想定

（一）

5月1日18时，辖区支队100名消防救援人员到达火场。前进指挥所命令，初战灭火分队立即对火场展开侦察，经现地和无人机空中勘察发现，火场平均海拔约650米，平均坡度为30度，植被以芦苇、冬茅草和灌木林为主，局部有油松林；从东南至西北方向有3条断续火线，其中最近火线距离村庄和厂房等重点设施仅有200余米，附近有可利用水源。根据火场态势，前进指挥所定下“打火头、保重点”作战意图，先期到达的100名消防救援人员在火场西线扑打火头，遏制火势向村庄和厂房蔓延。

想定一：作为初战灭火分队指挥员，请结合前进指挥所的作战意图，分析应采取何种灭火战术。

想定二：请阐述扑打火头的注意事项。

（二）

5月1日23时，增援的200名消防救援人员到达火场。前进指挥所根据火场态势，决定抓住夜间风力较小、火势较弱的有利时机，采取“多点突破，分割围歼，递进分割，一线超越”战法，采取架设水泵以水灭火与常规灭火相结合的方式对3条断续火线实施扑打。辖区支队100名消防救援人员负责扑打火场西线地表火，增援的200名消防救援人员负责扑打东线中低强度树冠火。经过灭火队伍2小时的连续奋战，有效遏制了林火向村中民宅蔓延。

想定三：请分别阐述扑救急进地表火和缓进地表火的方法。

想定四：作为水泵组指挥员，请根据火场地形和火线蔓延情况对水泵架设的路线进行分析。

（三）

5月2日9时，火场全线实现合围，明火基本熄灭，灭火队伍转入清理看守阶段。11时，火场南线扑救队伍在清理余火时发现，南线林区内腐殖层在缓慢燃烧，林内风力在逐步增大，地下火随时有可能演变成高强度地表火，导致火场发生复燃。前进指挥所接到通报后，立即调派150名消防救援人员赶赴火场南线开展灭火救援行动。16时，南线地下火扑打清理完毕，火场全线明火熄灭。17时，灭火队伍移交火场后安全撤离归建。

想定五：请阐述如何扑救地下火以及扑救的注意事项。

想定六：根据前期火场勘察情况，火场风力较大且风向不定，请分析如何确保灭火队伍的安全以及在紧急情况下如何有效组织紧急避险。

附件（表5-1）

表5-1　力量编成

单位	人数
福建省森林消防总队前进指挥所	8

笔记

续表

单位	人数
福建省森林消防总队1支队	100
福建省森林消防总队2支队	200
合计	308

二、广东省佛山市某区森林草原火灾扑救想定

基本想定

笔记

（一）

12月5日，广东省佛山市某区一水库附近发生森林火灾。火势借超过6级的大风迅速向北蔓延，同时出现多次飞火，引燃大片森林，形成东、西、南、北四条火线，对周边工厂企业、村庄、生态园、天然气高压管等重点目标构成严重威胁。

该区位于广东省中部，东西两端相距55公里，南北两端相距42公里。域内西、南部和中、北部为低山丘陵及台地，东部及东北部是广阔的冲积平原，形成一个西、南、北三面环山，西南向东北倾斜的狭长地形。域内山地与丘陵海拔多在150米以下，最高峰海拔805米。山地与丘陵面积595.2平方公里，占全区总面积的62%。域内东部及东北部是冲积平原，地势平缓，是围田区，总面积305.6平方公里，占全区总面积的31.83%。

该区林业用地面积463.2平方公里，占全区总面积的49.37%，森林面积483.93平方公里，森林覆盖率为51.58%，森林蓄积318.18万立方米，占全市森林蓄积的65.42%。全区自然保护地有18个（含自然保护区1个，森林公园14个，湿地公园3个），面积139.13平方公里，占全区总面积的14.64%。典型植被类型有南亚热带季风常绿阔叶林、常绿针阔叶混交林、常绿矮树灌草丛、湿地草丛及人工常绿林；国家重点保护野生植物有水蕨、金毛狗、桫椤、大叶黑桫椤、小黑桫椤、黑桫椤、土沉香、格木、樟树、红椿和苦梓等11种；广东省重点保护野生植物有见血封喉；受到《濒危野生动植物种国际贸易公约》保护的植物有15种，全部为兰科植物。

该区位于北回归线以南，属亚热带季风性湿润气候区，日照充足，雨量充沛，雨热同季，气候温和而湿润，无霜期长。年降雨量1336.9毫米，年平均气温24.1摄氏度，最低气温2.7摄氏度，最高气温38.2摄氏度。

根据气象部门数据，火灾发生前，火场区域已连续 80 多天无雨，气温在 10～25 摄氏度，森林火险等级持续为 5 级，自然环境极为干燥，火场平均风力 3～4 级，局部风力 6～8 级，阵风高达 10 级，导致火灾蔓延迅速。

（二）

此次火灾具有以下特点。

（1）地形地貌复杂。

火场山高坡陡，平均坡度 50～70 度，个别地段存在近 90 度悬崖，沟谷交错，峰峰相连。山内采矿、林外养殖等情况较多，也造成一些人为的、独立的地形，林内扑救人员难进入，林外道窄，扑救队伍机动困难。

（2）可燃物易燃、蓄积量大。

火场植被主要为马尾松林、桉树和小部分竹林等，并混有其他杂树和灌木丛，地被物堆积大量松叶和树枝，平均总载量 50 吨/公顷，造成地表火、树冠火和少量地下火并存。

（3）风力大、风向多变。

火场风力平均 3～4 级，局部风力达到 6～8 级，阵风达到 10 级，由于火势影响一个地域的气象，造成局部的小气候增多，风向变化极快，火头蔓延方向无法确定，造成了多次爆燃和大量的飞火，特别是飞火能跨越数百米宽的水库，引燃山林，导致火头四起，给灭火队伍带来较大的威胁。

（三）

12 月 5 日，广东省佛山市某区一水库附近发生森林火灾。12 月 6 日 8 时，福建省森林消防总队在接到广东省森林草原防灭火指挥部火情通报后，立即启动应急预案，成立总队基本指挥所，调派 3 个支队 610 名消防救援人员携带 900 余件（套）装备赶赴火场开展灭火救援行动，并成立了前进指挥所来指挥和协调灭火救援行动。

（四）

（1）熟悉本想定内容，充分了解火场基本情况。

（2）以初战灭火分队指挥员的身份了解任务、判断情况、部署行动以及组织保障。

补充想定

（一）

12 月 6 日 23 时，初战分队 200 名消防救援人员到达火场，前进指挥所立即组

笔记

织开展火场勘察。经无人机勘察发现，火场北线、东线、东南线、西南线火势呈断续燃烧状态，外线火和内线火并存，西北线火势非常大，直接能目测到的山脊上火线就长达约 10 公里，主要为地表火伴有部分树冠火；火场坡度平均为 60 度左右；植被主要为阔叶林及茅草灌木；风力风向为西北风 2～3 级。根据火场态势，前进指挥所立即将初战分队 200 人投入火场西北线开展灭火救援行动。

想定一：根据前进指挥所部署，初战分队需夜间在火场机动，请阐述夜间机动的安全注意事项。

（二）

12 月 7 日 7 时 30 分，福建省森林消防总队其余 410 名消防救援人员到达火场。前进指挥所根据火势发展分析研判，做出了“整合力量、协同作战”作战意图，同时将扑救队伍分成三个灭火作战分队，一分队 200 人采用“以火攻火、打烧结合”战法负责扑救火场西北线，二分队 210 人采用“先围后打、多点布控”战法负责扑救火场西线，三分队 200 人采用“穿插迂回、泵车结合”战法负责扑救火场东线。

笔记

想定二：火灾现场扑救队伍较多，请阐述如何与地市灭火队伍协同灭火，畅通灭火指挥体系。

（三）

在接到前进指挥所的部署后，各灭火分队立即机动至各火场开展灭火行动。火场东线火势受起伏地势影响呈锯齿状分布，点多线长面广并以断续燃烧为主，局部火势还比较大，扑救和防御的重点是防止火头越过山体形成新火场。东线灭火分队充分发挥以水灭火优势，在直升飞机配合下，对火场展开立体扑救，并在常规扑打基础上，组成 4 个突击组携带轻便装备，在火场内部实施“穿插机动、局部点烧、打烧结合”战法，发挥“小、快、灵”特点打早打小，为全线合围创造条件。采取消防车、水泵接力方式，在火场周边平坦地势铺设蓄水池，在火场一线架设水泵，边打边清、纵深推进，很好地控制了火场东线、东北线的火势蔓延。12 月 7 日 16 时 30 分，火场东线实现全线合围。18 时，东线火场实现“三无”。

想定三：请阐述以水灭火的原理、应用以及注意事项。

（四）

火场西线以树冠火为主，呈“几”字形向外蔓延，首尾长约 10 公里。西线灭火分队将灭火力量分为三组：第一组在火场西南侧阻截火头，打开突破口，顺势扑打；火场中部因地势险峻、植被茂密、扑救困难，故第二组携带水泵等装备在火场中部开展增湿作业；第三组重点扑打火场中部至西北线，采取“宜水则水、无水则风、风水化结合”战术，强力向西北推进。12 月 7 日 20 时 30 分，火场西线明火全部被扑灭。

想定四：请分析如何有效地应用“风水化结合”战术。

（五）

火场西北线是整个佛山火场的难点和重中之重，火场一切不利因素在西北线均有体现。西北线灭火分队采用的主要战法是“以火攻火、打烧结合”，有效地遏制了林火纵深蔓延，同时利用常规机具扑打点烧的外线明火，建立稳固依托，防止火线逆向蔓延。12 月 8 日 11 时，火场西北线风向突变、风力骤增，西北线大量马尾松和桉树燃烧形成跳跃式树冠火，火高 3 米以上，烟柱高达 500 米以上，火势很猛，燃烧速度很快。前进指挥所立即调派东线灭火分队增援火场西北线，同时调派直升飞机配合地面灭火队伍开展灭火行动。12 月 8 日 17 时，西北线火场实现“三无”。至此，火场明火全部被扑灭，转入清理看守阶段，灭火队伍移交火场后安全撤离归建。

想定五：火场风向突变，火场形成跳跃式树冠火，作为分队指挥员，如何在确保灭火队员安全的同时快速调整分队的兵力部署？

附件（表 5-2）

表 5-2 力量编成

单位	人数
福建省森林消防总队前进指挥所	10
福建省森林消防总队 1 支队	200
福建省森林消防总队 2 支队	200
福建省森林消防总队 3 支队	200
合计	610

笔记

三、广西壮族自治区桂林市某县森林草原火灾扑救想定

基本想定

（一）

10月17日，桂林市某县突发森林火灾，火灾呈多点爆发，由于植被干枯易燃、山高坡陡、风大多变，火势猛烈，迅速蔓延，火线长达160公里。火灾发生地靠近多个自然保护区、旅游景区、社区、村庄等重点区域，严重威胁森林资源和人民群众生命财产的安全。

笔记

该县位于广西壮族自治区东北部，地处南岭山地西南部，总地势大致自东北向西南倾斜，东部、北部为重峦叠嶂的群山或起伏连绵的丘陵，中部为地势平坦的小平原。西北、东北、东南部属中低山地貌，海拔标高一般为450～1100米，最高峰海拔高程达1722.4米。中部、西南部属河谷阶地、岩溶峰林、峰丛和低山丘陵地貌，海拔标高一般为150～500米。植被类型主要有马尾松天然林，杉木、湿地松、尾叶桉等人工林，毛竹林，以及由樟科、壳斗科、木兰科等树种为主构成的季风常绿阔叶混交林等，境内有维管束植物199科564属1415种，其中银杏、香花木、马尾松、观光木、闽楠、红豆树、青檀、半枫荷、香樟、红椿、任豆、三尖杉、萝芙木、厚朴、杜仲、深山含笑、桂南木莲、檫木等为国家重点保护的珍稀濒危植物。

该县处于中亚热带季风气候区，四季分明，雨量充沛，阳光充足，热量丰富，夏长冬短，雨热同季，利于各种农作物生物特性充分体现。年平均降雨量1941.5毫米，最多年降雨量2460.7毫米，最少年降雨量1543.2毫米，降雨量主要集中在上半年，3～8月为雨季，4～7月降雨较多，5～6月为降雨高峰期，5月降雨量为全年之冠。9月份后，大范围降雨减少，多为局部地方性热雷雨。

根据气象部门数据，火灾发生时，该县平均降雨量较常年同期减少了约70%，为历史同期最少，且连续100天以上干旱无雨，平均气温27.7摄氏度，风力6～7级，局部地区风力高达10级。

（二）

此次火灾呈现以下特点。

（1）气候异常，植被极其易燃。

该县7月以来连续100天以上干旱无雨，杂草、凋落物极度干燥，手捏即碎、遇火就着，加之受强对流天气影响，火场风力高达6～7级，局部达10级，顺风火

蔓延速度极快。

（2）地形复杂，扑救队伍接近火线困难。

该县境内地形地貌复杂，东部、北部为重峦叠嶂的群山或起伏连绵的丘陵，中部为地势平坦的小平原。火场山高坡陡、谷深林密、悬崖林立，扑救队伍接近火线较为困难。

（3）火灾多点爆发，极端火行为较多。

此次火灾呈多点爆发趋势，由于受异常气候影响，火灾蔓延速度快，飞火、树冠火、火旋风等极端火行为随处可见，狭窄沟谷地带、植被茂密地带时常有爆燃发生，严重威胁扑救队伍的安全。

（三）

10月17日，广西壮族自治区桂林市某县发生森林火灾。15时50分，在接到广西壮族自治区森林草原防灭火指挥部火情通报后，云南省森林消防总队立即启动应急预案，成立总队基本指挥所，调派广西驻防分队70名消防救援人员赶赴火场开展灭火救援行动，调派3个支队630名消防救援人员作为第一梯队增援火场，集结3个支队520名消防救援人员作为第二梯队做好后续增援准备，并成立了前进指挥所来指挥和协调灭火救援行动。

（四）

（1）熟悉本想定内容，充分了解火场基本情况。

（2）以初战灭火分队指挥员的身份了解任务、判断情况、部署行动以及组织保障。

补充想定

（一）

10月17日17时，广西驻防分队70名消防救援人员到达火场。前进指挥所命令，利用多种手段对火场情况进行全面勘察。根据火场态势，前进指挥所定下“梯次投入、足量用兵、多点出击、活用战法、逐个歼灭”作战决心，先期到达的广西驻防分队70名消防救援人员在火场西线开展灭火救援行动。

想定一：请阐述火场勘察的手段，并对其优点和不足进行说明。

（二）

10月18日8时，增援的第一梯队630名消防救援人员到达火场，前进指挥所

笔记

根据火场态势决定将第一梯队分为三个作战分队，分别对火场东、西、南线开展灭火救援行动。其中300人投入火场东线阻击火头；130人投入火场西线与先期到达的驻防分队阻截火线；200人投入南线阻止火势向某风景区蔓延，初步形成了“封东、固西、阻南”灭火行动格局。同时，命令集结的第二梯队520名消防救援人员向火场机动。

> 想定二：作为西线灭火分队的指挥员，请根据前进指挥所的作战意图制定相应的灭火战术。
>
> 想定三：由于火场气象和地形条件复杂，灭火分队在灭火救援行动中突遇火场爆燃，作为指挥员，请分析火场爆燃的危险性以及如何组织紧急避险。

笔记

（三）

10月19日9时，第二梯队到达火场。前进指挥所命令第二梯队由火场东线切入沿北线阻截林火蔓延。10月21日11时，各灭火分队按照前进指挥所“封北、追南、整体围”作战意图，多线同时展开行动，灵活采取“打、隔、围、堵、追”等战法，对火场全线形成合围。10月22日16时，火场明火基本扑灭，转入清理看守阶段。17时，各灭火分队相继撤离火场。

> 想定四：根据前进指挥所命令，第二梯队需由火场东线切入，请阐述如何选择切入点以及切入的时机。
>
> 想定五：结合前进指挥所的作战意图，浅析采用何种战术进行灭火。

（四）

10月23日16时，扑救队伍在撤离过程中接广西壮族自治区森林草原防灭火指挥部通知，火场东线发生复燃。云南省森林消防总队前进指挥所立即带领305名消防救援人员回援火场，灭火分队到达火场后，根据火场态势，前进指挥所决定采用“多点突破、分割围歼”战术对火线进行扑救。24日18时，火场明火基本熄灭，转入清理看守阶段，回援队伍安全归建。

> 想定六：二次回援过程中，回援分队装备物资均已消耗殆尽，浅析如何进行装备物资的保障。
>
> 想定七：请阐述“多点突破、分割围歼”战术的运用时机、把握要点以及优点和不足。

附件（表 5-3）

表 5-3　力量编成

单位	人数
云南省森林消防总队前进指挥所	10
云南省森林消防总队广西驻防分队	70
云南省森林消防总队 1 支队	630
云南省森林消防总队 2 支队	520
合计	1230

四、广西壮族自治区百色市某县森林草原火灾扑救想定

笔记

基本想定

（一）

2 月 21 日，广西壮族自治区百色市某县发生森林火灾，火势在大风作用下迅猛发展，火场面积急剧扩大至 2000 余亩，严重威胁周边村庄和重点设施安全。

该县位于广西壮族自治区西北部，地处黔桂两省（自治区）三市（州）7 县结合部，平均海拔 1128 米，县城海拔 970 米，是广西所有县中海拔最高的。地形为石山和土山为主的山地山原，地势略似蚬壳形，西南高，最高峰海拔约 2000 米，向东、西、北三面倾斜降低。东、西、北部为砂页岩发育形成的土山山峰谷地山区，山脉连绵起伏，山高坡陡，河溪、沟谷纵横交错，中南部大部分为石灰岩发育的喀斯特山地山原区，石山屹立延绵成片，坡度陡峭，地表缺水弄场多，地下河长溶洞多。该县森林面积 19.25 万公顷，森林覆盖率 83.49%。林内植被种类繁多，主要以杉木为主，杉木面积为 4.53 万公顷，同时有桫椤、银杏、云南松等国家珍稀树种。

该县属亚热带湿润气候区，年降水量 500～1100 毫米，相对湿度 83%，平均温度在 16～20.9 摄氏度，极端高温 34 摄氏度，极端低温零下 5.3 摄氏度。因其无霜期较长，年平均气温在 16.3 摄氏度左右，冬无严寒，夏无酷暑。根据气象部门数据，因受西南暖低压影响，该县降水较常年同期偏少约 80%，局部地区出现中到重度气象干旱，当时气温偏高 2～4 摄氏度，高达 31 摄氏度，局部出现 6～8 级大风，森林火险等级达到高危险等级。

（二）

本次火灾呈现以下特点。

（1）地形复杂，灭火队伍机动较为困难。

该火场位于广西壮族自治区西北部，山脉连绵起伏，山高坡陡，河溪、沟谷纵横交错，石山屹立延绵成片，坡度陡峭，海拔落差1000余米，复杂的地形和较大的海拔落差给灭火队伍机动转场带来很大阻碍。

（2）气候异常，森林火险等级较高。

火灾发生时，该县持续干旱，当年降水量比往年减少约80%，且当时气温高达31摄氏度，局部出现6～8级大风，森林火险等级达高危险级别，气候持续干旱加之火场风力较大，加速了火势的蔓延。

笔记

（3）林内堆积可燃物较多。

火场及周边植被主要以杂灌和杉木为主，加之广西壮族自治区西北部地区飞播林较多，林木枝叶较厚，林中堆积了大量的可燃物，如枯枝、落叶等，这些可燃物在干燥的环境中容易引发火灾。且长期堆积的地面植被和林下可燃物在腐烂过程中会产生大量可燃气体，进一步增加了火势蔓延的风险。

（三）

2月21日，广西壮族自治区百色市某县发生森林火灾。21日20时，云南省森林消防总队在接到广西壮族自治区森林草原防灭火指挥部火情通报后，立即启动应急预案，成立总队基本指挥所，调派广西驻防分队200名消防救援人员赶赴火场开展灭火救援行动，集结315名消防救援人员跨区域增援火场，协调南方航空护林总站2架直升飞机参与灭火，并成立了前进指挥所来指挥和协调灭火救援行动。

（四）

（1）熟悉本想定内容，充分了解火场基本情况。

（2）以初战灭火分队指挥员的身份了解任务、判断情况、部署行动以及组织保障。

补充想定

（一）

2月21日22时30分，广西驻防分队200名消防救援人员到达火场，前进指挥所立即部署开展火场勘察，经无人机和卫星遥感勘察发现，火场及周边植被主要以杂灌和杉木为主，火场多个火点燃烧形成2条断续火线，其中南侧火线在大风的作用下正在向县城方向蔓延。根据火场态势，前进指挥所定下“阻截火线，确保县城安全”作战意图，并将先期到达的广西驻防分队的200名消防救援人员与地方扑火队150余人投入南侧火线，采取“直接扑打，一线推进，边打边清”灭火战术，全力阻截火势向县城蔓延。

想定一：初战分队由森林消防队伍和地方扑火队组成，请阐述如何畅通组织指挥体系。

想定二：请结合“直接扑打，一线推进，边打边清”灭火战术对所属队伍进行编组。

（二）

2月22日8时，增援分队315名消防救援人员到达火场，同时南线火场也得到了有效封控。前进指挥所根据火场情况，决定将增援分队115名消防救援人员投入火场南线增援初战分队，其余200名消防救援人员负责扑打火场北线。北线增援分队采取“多点突破、分割围歼”战术，配合运用车载重型水泵、风力灭火机、高压细水雾、灭火弹等装备强力压制火头、追击火线、清理余火，同时抓住林火越过山脊，下山火弱的有利战机，对火场北线展开扑打行动。22日20时，北线火场实现合围，明火基本熄灭。

想定三：请阐述“多点突破、分割围歼”战术的运用时机和把握要点。

想定四：根据总队基本指挥所命令，增援分队需连夜向火场机动，到达火场后要立即投入灭火救援行动，机动距离长，灭火队员体能消耗较大，请分析夜间机动的安全注意事项，并阐述到达火场后如何组织灭火队伍进行轮换，以保证灭火效率。

（三）

2月23日5时，火场南线明火基本被扑灭。火场全部灭火队伍根据前进指挥所统一部署，分段负责，自火场边缘向内纵深清理100米，确保清理范围内达到无火、无烟状态，避免死灰复燃。同时，调动直升飞机、消防车及各种装备，综合运用挖沙掩埋、直接扑打、吊桶灭火、化学灭火等多种方法，对火场内的余火继续进行扑打。23日11时，火场明火全部被扑灭，灭火队伍在移交火场后安全撤离归建。

想定五：请阐述地面灭火分队如何有效地配合直升飞机进行灭火。

笔记

附件（表 5-4）

表 5-4　力量编成

单位	人数
云南省森林消防总队前进指挥所	10
云南省森林消防总队广西驻防分队	200
云南省森林消防总队 1 支队	315
合计	525

笔记

6 第六章 西南地区森林草原火灾扑救想定作业

一、西藏自治区林芝市某山区森林草原火灾扑救想定

基本想定

（一）

4 月 14 日 16 时 30 分，西藏自治区林芝市某山区发生森林火灾，过火面积达 700 公顷，火场附近 2 公里范围内有 3 个村庄、2 个解放军营地、3 个加油站和 1 个油库等，严重威胁国家森林资源和人民生命财产的安全。

林芝市北部为念青唐古拉山，南部属喜马拉雅山东段，西北部为冈底斯山余脉，东部系横断山脉。该地地势为自西北向东南倾斜，高差悬殊大，最高是喜马拉雅山东端米林与墨脱两地交界的南迦巴瓦峰，海拔 7782 米，最低在雅鲁藏布江下游墨脱县巴昔卡，海拔 155 米，相对高差达 7627 米。因此该地具有典型的高山峡谷与山地河谷地貌，山脉之间是宽窄相间的河流谷地，其中最大的是喜马拉雅山和冈底斯山之间的雅鲁藏布江谷地及其支流尼洋河、帕隆藏布、察隅曲谷地。起火林地动植物资源丰富，森林覆盖率达 47.66%。林芝地区主要植被类型包括：高山稀疏垫状植被，高山、亚高山草甸与灌丛草甸植被；以云、冷杉为主的暗针叶林；以高山松、云南松为主的亮针叶林，西藏柏林及巨柏疏林；以高山栎为主的硬叶常绿林；以杨、桦为主的落叶阔叶林；常绿阔叶林和常绿落叶林混交的亚热带阔叶林；热带山地常绿雨林与热带季雨林；河谷草甸、灌丛及灌丛草原等。起火地植被以云南松和青冈林为主。

该地南部临近印度洋，属海洋性季风气候，总体上气候差异不大，水热条件好。喜马拉雅山拦截了大量孟加拉湾和印度洋的暖湿气流。其南北坡的垂直气候带差异明显，南坡从下往上随海拔变化依次出现热带、亚热带、暖温带、温带、亚寒

带、寒带等气候带；北坡地处高原内部，水汽较少，相应的垂直气候带谱也比较简单，其中温带又分为温暖、温和、温凉三个亚带，并存在湿润、半湿润、半干旱气候区三种干湿类型区。按照热量等级与干湿类型结合地貌类型区分，林芝地区分布着山地热带、亚热带湿润峡谷农林气候区，高原温带湿润、半湿润、半干旱河谷盆地农林气候区，东部温带、亚寒带湿润高山森林气候区，中部亚寒带、寒带半湿润、湿润高山草甸荒漠气候区，五个一级气候区和四个气候亚区。该地总的气候特点是日照偏少、长冬无夏、降水时空分布不均。火灾发生期多集中在气候较干燥、温度较低、风速较高的冬春季节，特别是每年的2～5月为森林火灾的高发期。

火灾现场在距某村庄5公里处的半山腰上，火场坡度为70～80度，有悬崖峭壁，平均坡度约70度，植被以云南松为主，伴有青冈林和灌木丛，林内腐殖质层厚10～20厘米。火灾发生前期，降水较少且气温明显升高。火灾发生时，正值该地森林火灾的高发期，当日平均气温在10摄氏度左右，风力为4～5级，风向不定。

笔记

（二）

本次火灾具有以下特点。

（1）地形地貌复杂，行动展开困难。

火场山高坡陡、地势险峻。火场平均海拔3400米，最高火点达到4000米以上，高差近1000米，且平均坡度达到70度以上。起火林区可燃物载量大，地面云南松、青冈林、灌木、高山草甸立体交错，站杆倒木遍布，队伍展开行动困难。

（2）气候条件恶劣，林火行为多变。

火场气候异常，风向不定，平均风力达到5级以上，导致火势发展不稳定，林火行为多变，树冠火、地表火、地下火立体燃烧、十分猛烈，多次形成火爆，飞火现象时有发生。灭火期间，队伍多次组织转移避险，极其复杂的现场环境严重威胁消防救援人员的生命安全。

（3）重要目标遍布，任务压力巨大。

火场紧邻村庄、部队营地、加油站、油库等重点目标，周边原始林区连绵数百公里，如扑救不及时，对周围大片原始林区和居民生命财产的安全威胁巨大。

（三）

4月14日16时30分，西藏自治区林芝市某山区发生森林火灾。在接到林芝市森林草原防灭火指挥部火情通报后，西藏自治区森林消防总队立即启动应急预案，成立总队基本指挥所，迅速调集200名消防救援人员赶赴火场开展灭火救援行动，并成立前进指挥所来指挥和协调灭火救援行动。

（四）

（1）熟悉本想定内容，了解本场森林火灾基本情况。

（2）以初战灭火分队指挥员的身份了解任务、判断情况、定下决心、部署行动以及组织保障。

补充想定

（一）

4 月 14 日 17 时 30 分，在接到总队出动命令后，200 名消防救援人员，携带 800 余件（套）灭火装备，采取摩托化机动方式赶赴火场，并于当日 19 时到达火场。

到达火场后，前进指挥所部署人员进行火场勘察。在对火情进行充分研判后，因火势较大、天色已晚，决定不贸然直接灭火；部署先期到达的分队连夜在火场南侧、东侧、西侧开设隔离带；部署相关救援力量保护紧邻村庄和重点设施；同时因火势有增大和失控的可能，报请总队基本指挥所调派增援力量。

想定一：根据火场环境和前进指挥所力量部署情况，请以初战指挥员的身份阐述如何开展初期灭火救援行动。

（二）

4 月 15 日 6 时 30 分，增援力量抵达火场。前进指挥所利用无人机对火场进行了全面补充勘察，根据火场态势，定下了“打隔结合、重点封控”行动决心。火场南线，部署一个分队采取“打清结合”战术开展灭火行动，地方配属力量 150 人跟进清理；火场西线，部署一个分队，联合地方配属力量 100 人，采取点烧方式开设隔离带；火场东线，由地方配属力量 180 人依托公路开设隔离带；北线山顶有雪线作为天然隔离带。截至 16 时，火场南线明火基本被扑灭，东、西两线隔离带基本完成，北线山顶有雪线作为天然屏障，整个火场基本得到控制。

想定二：请简述隔离灭火技术的应用和注意事项。

（三）

4 月 15 日 17 时，火场风力骤增至 5 级以上，引发东、南线密集火点，烟点连片燃烧引发爆燃，瞬间失控，现场浓烟蔽日、火光冲天。17 时 30 分，前进指挥所

笔记

命令各任务分队带领地方配属力量紧急撤离避险。

想定三：作为灭火分队指挥员，应如何组织紧急避险？

（四）

4 月 15 日晚，前进指挥所根据火场具体情况，确定了“重兵投入、兵分两路、重点封控”总体思路，阻截东、西两线火头，并再次报请增援。16 日 8 时，增援力量集结完毕并展开行动。一个分队采取“一点突破、两翼推进”战术，在火场东、南线扑打明火；一个分队采取“穿插迂回、递进超越”战术，扑打火场西线断续火线。12 时，因火场东、南线风力达 6 级以上，东、南线扑救人员撤至隔离带避险，风险解除后继续扑打。14 时，因风力骤增，东、南线扑救人员转移至西线扑打。21 时 30 分，西线火势得到控制。23 时 50 分，西线明火基本扑灭。

笔记

想定四：根据火场的具体情况，请阐述扑救高山林火的危险因素以及如何避开危险火环境。

（五）

4 月 17 日 6 时 30 分，前进指挥所综合分析火场及天气情况，决定主攻东、南两线，并协调开展人工增雨作业。一个分队在火场东线采取“多点突破、分段围歼、打清结合”战术扑打东线明火；一个分队在火场南线采取“一点突破、两翼推进、穿插迂回”战术扑打南线明火。4 月 18 日 11 时，东、南两个火场明火全部被扑灭，灭火行动转入清理看守火场阶段，各分队继续对火场进行纵深清理，防止死灰复燃。4 月 18 日 17 时，队伍移交火场后安全归建。

想定五：请以初战灭火分队指挥员的身份阐述在此次灭火救援行动中各战术、战法的优缺点。

附件（表 6-1）

表 6-1　力量编成

单位	人数
西藏自治区森林消防总队前进指挥所	8
西藏自治区森林消防总队 1 支队	200
西藏自治区森林消防总队 2 支队	200
合计	408

二、四川省凉山州某山区森林草原火灾扑救想定

基本想定

（一）

3月8日21时10分，四川省凉山州某村庄附近山谷发生森林火灾，受极端大风、干旱天气影响，火势迅速扩大蔓延，火线总共长达21公里，严重威胁北部大面积森林资源的安全。

凉山州某村庄位于四川省西南部，处于四川盆地与云南高原之间，地势西北高、东南低。境内木里县恰朗多吉峰海拔5958米，雷波县大岩洞金沙江谷底海拔305米，相对高差达5653米，地形崎岖，地表起伏大，河谷幽深。境内以山地、高原为主，占全州辖区面积90%以上，丘陵、盆地、平原不到10%。凉山州有丰富的原始森林资源，森林面积约4715万亩，森林覆盖率51.9%。植被种类丰富，以针叶林为主，主要植被为云南松。此外，该地区人员居住较为稀散，林下可燃物较多。凉山州气候复杂多样，属于亚热带季风气候区，干湿分明，每年5～10月为湿季，11月至翌年4月为干季，干热河谷特征明显。因此，凉山州森林草原防火期为1月1日至6月30日，其中1月10日至5月20日为高火险期。

根据气象部门数据，3月以来，该地进入干风季节，晴热天气异常，已连续20天无降雨，湿度仅为5%～10%。特别是3月上旬以来已持续4天高温天气，8日最高气温达到31.2摄氏度，风力8～9级，森林火险持续处于高危险等级。

（二）

本次火灾具有以下特点。

（1）地势险峻，扑救困难。

火场地处V形山谷，最低海拔2350米，最高海拔3578米，相对高差达1200多米，不少火线地处60～70度的陡坡，部分火点位于悬崖峭壁之上，部分处在乱石深涧之中，难以实施有效扑救。火场附近地广人稀，交通不便，供给困难，消防救援人员难以迅速靠近火场。

（2）气候条件恶劣，危险系数高。

受山谷地形影响，火场气象变化莫测，该地区3月为大风天气，每天13时至18时左右风力可达8～9级，且风向不定。大火在风的作用下，蔓延十分迅速，火

笔记

势极不稳定。

（3）火势迅猛，扑打困难。

火场植被以富含油脂的云南松、高山栎为主，且分布广泛，林内可燃物载量严重超标。火灾发生后，呈树冠火、地表火、地下火立体燃烧，并伴随复燃火、轰燃火和二次燃烧等特殊火行为，浓烟密布，热辐射极强，扑打异常困难。

（三）

3 月 9 日 7 时，在接到四川省森林草原防灭火指挥部的火情通报后，四川省森林消防总队立即启动应急预案，成立总队基本指挥所，迅速就近调集辖区支队 2 个大队的 120 名消防救援人员赶赴火场开展灭火救援行动，并成立前进指挥所来指挥和协调灭火救援行动。

笔记

（四）

3 月 9 日 16 时，火场南线风力突然增大，火势迅速增大，四川省森林消防总队又调集辖区支队 2 个大队的 210 名消防救援人员增援火场。

3 月 12 日 15 时，由于连续出现极端大风天气，北线火场出现复燃，四川省森林消防总队紧急调集两个大队 230 人增援北线火场，南线火场 330 名消防救援人员再次向北线转场。

（五）

（1）熟悉本想定内容，了解某林场森林火灾基本情况；

（2）以初战灭火分队指挥员的身份了解任务、判断情况、定下决心、部署行动以及组织保障。

补充想定

（一）

3 月 9 日 7 时 30 分，在接到总队出动命令后，面对火灾蔓延速度快、火势强度高、地形条件复杂、气候条件恶劣等不利因素，根据对起火林区的了解，初战指挥员定下初步行动决心。

想定一：请以初战灭火分队指挥员的身份写出初步行动决心的内容，并根据此次火场地势险峻，地处 V 形山谷，写出此次行动可能面临的风险，并分析应如何做好应对风险的准备。

（二）

初战灭火力量到达火灾现场后，前进指挥所立即部署开展火场勘察，并对火势进行了评估，发现火场西线和北线明火可控且天气状况良好，有利于灭火行动的开展。初战指挥员立即部署，采取“一点突破、两翼推进”战术，迅速控制并扑灭了西线和北线明火。

想定二：请简要阐述“一点突破、两翼推进”灭火战术的运用时机和优缺点。

（三）

3 月 9 日 14 时，初战灭火分队指挥员在西线和北线的火势得到控制后，带领消防救援队伍迅速转移战场，继续扑灭南线火场的火势。16 时许，火场南线风力突然增大，地表火瞬间转为树冠火，形成立体燃烧。整个火场浓烟弥漫，无法组织扑救，初战灭火分队指挥员迅速带领队伍转移至预设安全地域等待时机。

想定三：作为初战灭火分队指挥员，请分析如何提前预设安全区域，以及快速转移避险的注意事项。

（四）

3 月 12 日 22 时 30 分，因火场北线复燃，灭火救援力量增援集结，准备投入灭火行动。3 月 14 日凌晨，火场北线东、西侧灭火力量部署完毕。经补充勘察，发现火场北线具有天然水源。前进指挥所当即部署，参与灭火救援的队伍结合水源分布条件，组织 3 条战线实施以水灭火。同时，依托以水灭火的共识，选择关键部位实施点烧，以火攻火，一举扑灭北线明火。3 月 14 日下午至 15 日，各参与森林灭火的队伍继续对火场内残余烟点进行纵深清理，防止复燃。

想定四：请阐述以水灭火和以火攻火在此次灭火救援行动中的应用，并分析应如何灵活应用多种灭火战术。

附件（表 6-2）

表 6-2　力量编成

单位	人数
四川省森林消防总队前进指挥所	10

笔记

续表

单位	人数
四川省森林消防总队 1 支队	120
四川省森林消防总队 2 支队	210
四川省森林消防总队 3 支队	230
合计	570

三、四川省甘孜州某山区森林草原火灾扑救想定

基本想定

笔记

（一）

2 月 10 日 15 时，四川省甘孜州某村附近山区发生森林火灾，火势借大风迅速蔓延，严重威胁周边村镇、油库等重点目标的安全。

甘孜州位于四川省西部、康藏高原东南缘，是四川盆地西缘山地向青藏高原过渡的地带。地势由西北向东南倾斜，呈现南低北高、东南缘深切、中部突起、山川相间、冰川发育等特点。甘孜州地质构造复杂，地势险峻，总体以山地居多，层峦叠嶂，河谷深邃，平均海拔 3500 米，最大相对高差高达 6500 米。甘孜州森林面积 7655 万亩，森林覆盖率达 32.1％，约占四川省森林总面积的 20％，是我国西南林区的重要组成部分；天然草场面积辽阔，有 1.3 亿亩，占全州总面积的 61.7％，是我国川西北牧区的重要组成部分。受地形和气候影响，形成了不同性质的灌丛、乔木林、草甸系自然植被的垂直分布，分为阳坡植被和阴坡植被。阴坡植被主要分布情况为：海拔 2500 米以下为半干旱河谷灌丛带，该灌从带是全县植被分布的基带，以旱生性灌丛植被为主；海拔 2500～3000 米为针叶、阔叶混交林带，以云杉、冷杉、高山松、桦、柏为主；海拔 3000～3750 米地带分布针叶林带，以自然生长的云杉、冷杉为主，林下由杜鹃、五加皮、沙棘、报春花等组成灌木层；海拔 3750～3950 米地带分布高山乔灌林冷杉林带，以自然生长的冷杉和杜鹃为主；海拔 4400 米以上积雪长达 10 个月，为高山流石滩植被。阳坡由于日照长、辐射强、温度高，其植被类型简单，主要分为干旱河谷灌丛带，黄背栎灌木林带，亚高山、高山草甸带。

受地形地貌和大气环流的共同影响，甘孜州境内形成了大陆性高原山地季风气候，具有干湿季分明、雨热同季的特点。同时气候随高程变化呈现十分显著的垂直分布形态，在高山峡谷区，山顶和山脚由于高差悬殊，气温可相差 20～30 摄氏度。每年的春冬两季，降水稀少，空气干燥。全州大多数地区年相对湿度在 50％以下，

有的地方甚至只有10%；而秋夏两季，盛行西南季风，降水偏多，气候温暖湿润，相对湿度都在60%以上。

甘孜州是四川省林火高发区，每年冬初到春末，域内空气干燥，降水量少且山谷多风，丰富的森林资源导致林下可燃物大量堆积，腐烂后产生大量可燃气体，使得森林火灾极易发生，因此甘孜州将10月1日至次年6月30日定为全州森林防火期。

该地森林火灾发生时，正处于甘孜州森林防火期。2月份以来，全州平均气温为零下0.4摄氏度。月平均降水量为2.6毫米，与近30年同期降水量相比较减少70%。火灾发生当日温度为零下11摄氏度到0摄氏度，昼夜温差大。

（二）

本次火灾具有以下特点。

(1) 气候恶劣，复杂多变。

受强冷空气南下影响，火场昼夜温差极大，中午12时前，气温均在零下5摄氏度左右，夜间和凌晨气温更低。这种低温环境给消防救援人员在夜间和凌晨扑打山火带来很大困难。下午时段，受气流影响，火场局部常出现6～7级瞬时强风，火势忽强忽弱、忽进忽退，并时而引发高强度复燃火，进一步加大接近扑救和纵深清理的难度。

(2) 高差悬殊，扑打困难。

火场地处攀西平原与青藏高原过渡带，火场为典型山地地形，海拔2800～3900米，垂直高差近1100米。在东线火头位置，地形破碎、沟壑纵横，峭壁间断分布，加之林下杂灌密集干燥，常有燃烧的松果和倒木滚落，引发新的火点，给消防救援人员扑救火灾带来了极大的困难。

(3) 可燃物载量大，林火强度大。

火场植被以坚硬耐烧的青冈木、含油脂的高山松和杂灌等易燃物种为主。林内站杆遍布、倒木成堆，林下腐殖层厚达20～30厘米，可燃物载量大，扑救和清理都十分困难。

（三）

2月10日16时，在接到四川省森林草原防灭火指挥部的火情通报后，四川省森林消防总队立即启动应急预案，成立总队基本指挥所，就近调集辖区支队2个大队的290名消防救援人员赶赴火场开展灭火救援行动，并成立了前进指挥所来指挥和协调灭火救援行动。

（四）

(1) 熟悉本想定内容，了解某村森林火灾基本情况；

笔记

（2）以初战灭火分队指挥员的身份了解任务、判断情况、定下决心、部署行动以及组织保障。

补充想定

（一）

2月10日16时30分，在接到总队出动命令后，消防救援人员立即赶赴火场，展开灭火救援行动。面对火场地形条件复杂、气候条件恶劣等不利因素，根据对起火林区的了解，初战灭火分队指挥员定下初步行动决心。

> 想定一：请以初战灭火分队指挥员的身份写出初步行动决心的内容，并分析对此次高原森林火灾进行火场勘察的重点。

笔记

（二）

初战灭火力量到达火灾现场后，经火场初步勘察，发现火场面积不大，且南、西、北三线山脚下有大小不等的河流、小溪作为天然隔离带，各线均有断续火线和大量烟点。西南风3～4级，在风力作用下火势向东北方向发展。根据火情和地形，初战灭火分队指挥员决定借助河流、小溪地段突入火线，向火场东南方两翼推进扑打明火。2月11日7时30分，火场东南线明火得到完全控制。

> 想定二：请以初战分队指挥员的身份阐述此时采取“一点突破、两翼推进”战术的原因，并分析采取这一战术需要把握的要点。

（三）

2月11日14时，风力增大至5～6级，火场东南方向发生复燃，出现1公里高强度地表火，伴有间歇性树冠火，形成新的猛烈火头，火情发生变化后，前进指挥所命令东线参与灭火救援的力量紧急撤离至安全区域，并迅速调集2个大队的310名消防救援人员向火场增援。

> 想定三：作为东线参与灭火救援的分队的指挥员，请分析在此次灭火行动中应如何预设避险方案。

（四）

2月13日22时30分，前进指挥所对火场进行补充勘察，果断勘选最佳地段和有利时机，全面开展灭火行动。部署三个增援分队利用大功率水泵全线供水，采取以水灭火方式高效扑打山火；部署两个初战分队利用递进超越战法压制东线火头。在14日凌晨2时，消防救援人员成功扑灭明火，火场转入纵深清理阶段。两个队伍继续看守火场，组织力量进行反复清理，防止火势复燃。15日17时，队伍移交火场后徒步撤离，安全归建。

想定四：请以初战分队指挥员的身份简述“穿插迂回、递进超越”战术。

附件（表6-3）

表6-3 力量编成

单位	人数
四川省森林消防总队前进指挥所	8
四川省森林消防总队1支队	290
四川省森林消防总队2支队	310
合计	608

笔记

四、云南省大理州某山区森林草原火灾扑救想定

基本想定

（一）

3月25日11时15分，云南省大理州某村附近山区发生森林火灾，火在大风下迅速蔓延。如不及时扑救，将严重威胁火场附近村庄等重点目标，造成生态、经济和社会影响。

云南省地处我国西南，西南林区是我国三大林区之一。受地理位置、地形地势、气候以及森林资源分布和人为活动等影响，云南省是我国的林火高发区。大理州地处云南省中部偏西，云贵高原与横断山脉结合部位，地势西北高、东南低。地貌复杂多样，苍山以西为高山峡谷区，苍山以东、祥云以西为中山陡坡地形，总面积29459平方公里，其中山区面积占总面积的93.4%，平均海拔2090米。该地森林资源丰富，是云南省的重点林区，森林覆盖率达65.51%。主要树种有云南松、华山松、铁杉、冷杉、马尾杉、思茅松、柏树、樟树、椿树、栎树等。珍稀树种有银杏、牟尼柏、罗汉松、秃杉、红豆杉、珙桐等。

该地属于低纬高原季风气候，立体气候特征显著，干湿季分明。大部分地区夏无酷暑、冬无严寒，年温差小、日温差大，气温随地势高低垂直变化明显，兼具寒、温、热（包括亚热带）三带气候，年平均气温 12～19 摄氏度。降水在季节上和地域上的分布极不均匀，湿季（雨季）为 5～10 月，集中了 83%～95%的降水量；干季（旱季）为 11 月至次年 4 月，降水量仅占全年的 5%～17%。

大理州森林草原防火期为每年 12 月 1 日至次年 6 月 15 日，每年 3 月 1 日至 5 月 31 日为森林草原高火险期。火灾发生时正值当地森林草原高火险期，当日最高气温 25 摄氏度，西南风 3～4 级。

（二）

本次火灾具有以下特点。

（1）气候异常，火灾蔓延迅速。

笔记

3 月份以来，火灾发生地区干旱少雨，平均气温高达 25 摄氏度，火险等级居高不下。火场以西南风和西风为主，但受火场小气候影响，时而变换为东风和东北风，风力风向不定，风力以 3～4 级为主，阵风达到 6～7 级，火势蔓延迅速。

（2）地形植被复杂，行动展开困难。

火场地域山体陡峭，沟壑纵横，林区内陡崖峭壁间断、断崖沟谷穿插，部分火点在悬崖峭壁上燃烧，并时有滚石、倒木滚落，增大了扑救清理难度。火场平均海拔 2300 米，坡度 60～70 度。植被茂密。火场植被以云南松和杂灌为主，林木连绵，植被茂密，林内堆积大量的站杆倒木，地表腐殖质常年累积，可燃物多且干枯，极易燃烧，扑打清理十分困难。林内植被密度大，需现场开路，队伍扑打推进困难重重。

（3）火情复杂，扑救难度大。

火灾主要有南、北 2 条火线，各火线乱而长，最长火线达 5 公里，受火场小气候影响，局部火势伴有间歇性树冠火，火线呈高、中、低错落断续分布，有的在山顶蔓延，有的在山脊蔓延，有的在沟谷蔓延，上山火、下山火、沟谷火、悬崖火交织，立体燃烧，火场规模较大。

（三）

3 月 25 日 11 时 15 分，大理州某村附近山区发生森林火灾。在接到大理州森林草原防火指挥部火情通报后，云南省森林消防总队立即启动应急预案，成立总队基本指挥所，迅速就近调集辖区支队的 180 名消防救援人员赶赴火场开展灭火救援行动，并成立前进指挥所来指挥和协调灭火救援行动。

（四）

（1）熟悉本想定内容，了解某林场森林火灾基本情况；

（2）以初战灭火分队指挥员的身份了解任务、判断情况、定下决心、部署行动以及组织保障。

补充想定

（一）

3 月 25 日 12 时 45 分，在接到总队出动命令后，面对不利地形，不利天气，以及火势强度高，火头多、火线长，跳跃式立体燃烧的不利态势，根据对起火林区的了解，初战灭火分队指挥员定下初步行动决心。

想定一：请以初战灭火分队指挥员的身份写出初步行动决心的内容。

（二）

3 月 25 日 13 时 45 分，初战灭火力量到达火灾现场后，前进指挥所立即部署开展火场勘察，并根据火情态势决定兵分两路，一个分队在火场东北线打开突破口，采取“一点突破、两翼推进”战术，向南和向北实施扑打；另一个分队联合地方扑火队伍在火场南线的安全区域开挖防火隔离带，防止火势继续向南蔓延，保护村庄和国家自然保护区。

想定二：请以初战灭火分队指挥员的身份阐述“一点突破、两翼推进”战术的运用时机和把握要点。

（三）

3 月 25 日 15 时 20 分，因着火区域多点爆发火情，总队向毗邻支队发出增援命令。22 时 10 分，增援力量到达火场南北两线。其中，80 人前往火场南线，采取“多点突破、分段围歼”战术向西南方向扑打；70 人支援北线，采取“一线推进、边打边清”战术向西北方向扑打。南北两线队伍形成对火场西线钳形夹击之势。3 月 26 日 2 时 35 分，火场南线明火被完全扑灭。

想定三：请分析增援力量如何与初战力量及其他扑救队伍之间畅通组织指挥体系。

（四）

3 月 26 日 10 时 45 分，火场气候变化，火场南线风力突然增大，阵风达到 6～

笔记

7 级，地表火瞬间转为树冠火形成猛烈燃烧，并继续向南快速蔓延，全体消防救援人员紧急撤离至安全区域避险。因火场态势变化，前进指挥所报请跨区域增援 330 名消防救援人员向火场集结。

想定四：针对大理州地形和天气特点，在突遇危险的情形下，请以初战灭火分队指挥员的身份阐述火场快速转移紧急避险的实施步骤和注意事项。

（五）

3 月 26 日 21 时，各方增援力量已经到位，前进指挥所果断勘选最佳地段和有利时机，全面开展灭火行动。根据火场北线特点，灵活多变地采取了“打烧并举、以打为主”“打清结合、反复清理”的战法手段，有效控制了北线的火势；火场南线根据提前开设的防火隔离带，利用风向和有利时机，采取“预设隔离，以火攻火”战术、战法，成功拦截了南线火头。

3 月 27 日 9 时 30 分，经消防救援人员连夜奋战，火场实现全面合围。鉴于气候干燥、火场极易复燃的实际情况，前进指挥所组织队伍对火场进行纵深清理，防止死灰复燃。27 日 17 时，队伍移交火场后安全归建。

想定五：请阐述“以火攻火”战术、战法运用的时机和注意事项。

笔记

附件（表 6-4）

表 6-4　力量编成

单位	人数
云南省森林消防总队前进指挥所	10
云南省森林消防总队 1 支队	150
云南省森林消防总队 2 支队	180
合计	340

五、云南省迪庆州香格里拉市某地森林草原火灾扑救想定

基本想定

（一）

3 月 19 日 13 时 10 分，云南省迪庆藏族自治州（简称迪庆州）香格里拉市某

地，因村民放牧时吸烟不慎引发森林火灾，火势借大风迅速蔓延。火场距离村庄较近，严重威胁周边村镇人民生命财产的安全。

迪庆州位于云南省西北部滇、藏、川三省区交界处，总面积23870平方公里，西北接西藏自治区，东临四川省，东南与丽江市毗邻，西与怒江傈僳族自治州接壤。境内最高海拔为梅里雪山主峰卡瓦格博峰，海拔6740米，同时也是云南省最高点；最低海拔为澜沧江河谷，海拔1486米，绝对高差达5254米。该地是云贵高原向青藏高原的过渡带，地貌独特，有古高原面，也有大山、大川、大峡，是世界著名景观三江并流的腹心地带。迪庆州林业用地161.5万公顷，森林覆盖率达73.9%。主要树种有云杉、红杉、冷杉、高山松、红豆杉、香榧、云南松、华山松等。迪庆州属温带、寒温带气候，年平均气温4.7～16.5摄氏度，年极端最高气温25.1摄氏度，最低气温零下27.4摄氏度。较小范围内的巨大高差使得境内出现了垂直气候和立体生态环境特征，有“一山分四季，十里不同天”的说法。

迪庆州每年11月至次年6月中下旬是森林草原防火期。此次森林火灾发生时，正处于迪庆州森林火灾高发期。入冬以来，迪庆州气候干燥，持续干旱，连续50多天没有降水。火灾发生当日温度为10～25摄氏度，风向多变，最高风力达6～8级。

（二）

本次火灾具有以下特点。

（1）自然环境险恶，封控阻截难。

火场位于由东向西进入该地域的公路主干道西侧，东侧紧靠一条河，山体是连绵300多万亩的山林地，是云南省重要的生态林区；火场山高坡陡，平均坡度50度以上，个别地段近90度悬崖，且沟谷交错，峰峰相连，海拔高达2000～4200米；火场植被主要为云南松、高山松，并混有竹林和其他杂木，地面堆积大量松枝和落叶，部分区域杂草长势茂密，达1米多高，因早些年发生过森林火灾，林内堆积了大量密度较高的站杆倒木，造成地表火、树冠火和少量地下火并存，独立烟点星罗棋布，扑打明火、清理余火较为困难。因自然环境复杂险峻，队伍到位时间长，部分地段因小地形险峻直接难以到位，阻截封控林火难度大。

（2）天候不利火势猛，行动风险高。

火灾发生前，火场区域已连旱无雨50多天，气温10～30摄氏度，森林火险等级持续5级极高火险。灭火行动期间，火场风力平均3～4级，夹杂山风、谷风、江风，瞬时风力经常达到6～8级，局部小气候增多，风向变化极不稳定。高温和大风导致了林火蔓延极快，火线既长又乱，且多次出现爆燃和大量飞火，甚至出现

笔记

飞火跨越近百米宽的沟谷的情况。灭火救援力量直接扑打林火危险程度极高，经常出现“打一段、退一段、避一段”的情况，人员精力、体力消耗极大，安全风险高。

（3）防火基础滞后，属地力量弱。

火灾发生地处置森林火灾的专业力量只有一个迪庆州森林消防大队和属地以民兵为主的地方半专业扑火队，加之防火基础建设明显滞后，火场应该预设的防火道路、储水池、储水罐基本为空白。这造成了初发火未得到有效的控制，在大风作用下过火面积迅速扩大。

（三）

3 月 19 日 14 时，在接到云南省森林草原防灭火指挥部的火情通报后，云南省森林消防总队立即启动应急预案，成立总队基本指挥所，调集辖区 1 个大队的 70 名消防救援人员和毗邻 3 个森林消防救援支队的 450 人赶赴火场开展灭火救援行动，并成立了前进指挥所来指挥和协调灭火救援行动。

笔记

（四）

（1）熟悉本想定内容，了解某地森林火灾基本情况。

（2）以初战灭火分队指挥员的身份了解任务、判断情况、定下决心、部署行动以及组织保障。

补充想定

（一）

3 月 19 日 15 时 30 分，在接到总队出动命令后，消防救援人员立即赶赴火场。18 时 30 分，辖区大队 70 人率先抵达火场。初战灭火分队指挥员部署了初期火场勘察，经火场勘察发现，火场地形山高坡陡，夜间行动不便，气候条件恶劣，周围环境复杂，且起火地周边加油站、村镇等重点目标繁多。

想定一：根据这一火场态势，请以初战灭火分队指挥员的身份写出初步行动决心的内容。

想定二：请分析对此次高原森林火灾进行火场勘察的重点。

（二）

3 月 20 日 19 时 40 分，各方灭火力量全部到达火灾现场后，前进指挥所当即部署对火场进行全面勘察。经火场勘察发现，火场主要有南、北两条连续火线，并伴有多处沟谷火的散乱火线，总长度约10公里；火线东侧山底有村庄、学校、加油站等重点目标，再往东有一条河，火线北侧、西侧、南侧均为原始林区。根据火场态势，前进指挥所决定采取“一点突破、两线推进”战术展开灭火行动。一分队210人配地方灭火力量400人负责火场北线的阻截任务；二分队170人配地方灭火力量200人负责火场南线的灭火任务；三分队140人负责处置威胁村庄、加油站等重要目标安全的林火，防止林火威胁人民群众生命财产安全。

想定三：根据当前火情对村庄的威胁，请以三分队指挥员身份阐述如何开展保护重点目标安全的灭火行动。

（三）

3月21日16时，火场北线林火蔓延较快，林内堆积的可燃物多，造成地表火、树冠火和少量地下火并存，直接扑打较为困难。根据这一火场态势，前进指挥所决定采取“分段切割、多点出击”战术，采取“点烧隔离、水泵灭火和常规直接扑打三结合”战法阻截林火。而火场南线，因断崖陡坡、植被茂密，无法向前推进灭火，前进指挥所决定采取“地空配合、立体灭火”战术展开灭火行动。直升飞机配合地面灭火救援分队进行吊桶作业，控制林火进一步蔓延，并在局部地段采用点烧作业和常规装备直接扑打方式阻击林火。

想定四：根据地空灭火战术在此次灭火救援行动中的应用，简述直升飞机吊桶灭火技术的特点和灭火方法。

（四）

3月22日4时30分，气温降低、风力减弱、风向平稳。前进指挥所当即抓住有利战机，命令各分队全面开展灭火行动。6时30分，火场北线采取点烧和直接扑打相结合的方式成功阻截林火，并反复清理余火、烟点。火场南线灭火分队采取“两翼对进、钳形夹击”战术展开扑打，并于8时50分消灭明火。9时30分，火场全线实现封控合围，转入纵深清理阶段。灭火救援分队继续看守火场，组织力量进行反复清理，以防止火势复燃。23日17时，队伍移交火场后有序撤离，安全归建。

想定五：请以南线分队指挥员的身份简述“两翼对进、钳形夹击”战术。

笔记

附件（表 6-5）

表 6-5　力量编成

单位	人数
云南省森林消防总队前进指挥所	10
云南省森林消防总队 1 支队	170
云南省森林消防总队 2 支队	100
云南省森林消防总队 3 支队	240
合计	520

六、云南省安宁市某山地森林草原火灾扑救想定

笔记

基本想定

（一）

4 月 30 日 16 时 30 分，云南省安宁市某村镇附近山区发生森林火灾，火场风力 4～5 级，风向西南。林火在高温大风天气的作用下，迅速向东北方向蔓延，严重威胁周边村庄和重点设施的安全。

安宁市是云南省昆明市下辖的县级市，位于昆明市西郊，地处滇中高原东部，总面积约 1301 平方公里，距离昆明市主城区约 28 公里，是连接昆明与其他地州的重要交通纽带，并经畹町与境外的缅甸互通。地形东南高，西北低，海拔在 1680～2618 米。山地间有不少河流穿行，其中以安宁江、泗华河等较为著名。境内地势起伏不大，受构造控制，主要有八街中山丘陵侵蚀谷盆地貌、中山浅切割 V 形谷盆地貌、构造地貌、螳螂川侵蚀地貌等地貌类型。

安宁地区的气候呈典型的低纬高原季风气候，由于热带大陆干热气团和热带季风暖湿气团的影响，该区四季如春，气候宜人。全年平均气温约 14.9 摄氏度，气温年较差不大，约 3～12 摄氏度，但气温日变化幅度较大，冬季日温差高达 12 摄氏度，夏季日温差可达 20 摄氏度。该地区气候较湿润，年均降水量约 1000.5 毫米，但降水分布不均，呈现出明显的季节性变化规律。每年的 5 月至 9 月属于雨季；10 月至次年的 4 月为旱季，降雨次数明显减少。年均相对湿度约 74%，晴天日数较多，年均日照时长可达 2327.5 小时，年均日照率约 56%。最大风速为 40 米/秒，多为西南风。

安宁地区森林资源丰富，植被类型复杂，土壤类型主要为山地红壤，由黄色石英砂岩发育形成。植被类型主要有亚热带常绿阔叶林、温带针叶林、针阔混交林、高山灌丛和草甸等。

此次林火发生时，正处于安宁市林火高发期，2月份以来，安宁市连续三个月无降水，高温大风天气持续多日。火灾发生当日，西南风4～5级，下午2时以后风力风向多变，温度高、湿度低，火势蔓延迅速。

（二）

本次森林火灾呈现以下几个特点。

（1）位置特殊，影响范围较大。

一方面，林火发生区域历来是云南森林火灾多发区和重灾区，火场内林矿交错。安宁地区土壤层富含磷，磷对腐殖层具有助燃作用，使林火蔓延速度极快，并呈现多点燃烧或产生新的火场，火情异常复杂。另一方面，火场周边5公里范围内有数十个自然村依山而建，林木环绕，林地和村庄无缓冲过渡带，如不尽快控制，将直接威胁人民群众的生命财产安全。此外，火灾区域属滇中工业产业园区的核心地带，火场内部山谷和周边坝区内有仓储设施、化工厂和工业加工基地，林火已临近上述建筑设施，情况十分危急。该火场距离昆明主城区直线距离40公里，火灾形成的浓烟飘到昆明主城区上空，引发了部分民众的恐慌和社会舆论的关注。

（2）气候异常，扑救难度大。

安宁市1～4月干旱少雨，4月份以来，滇中地区持续高温干旱，火险等级居高不下，林区植被处于极度干燥状态，起火后火势猛烈，短时间内就形成了高强度、大面积的森林火灾。受火场小气候影响，风无定向，火无定势，火场最高瞬时风速达31米/秒，在6～7级大风的作用下，已控制的火区内频繁发生飞火，多次突破防火隔离带引发新火点，给扑救和围堵工作增加了很大难度。

（3）地形地貌复杂，扑救风险高。

火场山体主脉为南北走向，附属山体向东、西方向辐射，地势西高东低；西部山脚至主山脉平均坡度达到60度，山势陡峭，纵横分布，箐深林密；东部山体相对西部稍微平缓，跨度较大，山势走向复杂，箐沟狭长。火场植被为地盘松、云南松中幼林，杂灌和少量栎类，植被密度大、油性大、易燃烧。受各种因素影响，林火主要向北、东北、西北方向蔓延，同时出现向西和西南方向“倒烧”的情况，上山火、下山火、沟谷火、飞火、火旋风时而迅猛急速蔓延，时而交织立体燃烧，林火先后突破平均宽度约50米、最大宽度约100米的阻火隔离带，狂燃多变的林火行为较为特殊。

（三）

4月30日17时30分，在接到云南省森林草原防灭火指挥部的火情通报后，云南省森林消防总队立即启动应急预案，成立总队基本指挥所，迅速就近调集辖区支队4个大队的280名消防救援人员赶赴火场开展灭火救援行动，并成立前进指挥所

笔记

来指挥和协调灭火救援行动。19 时，初战灭火力量到达现场后，按照上级意图和本级决心迅速展开灭火行动。

（四）

5 月 1 日 14 时，因火场高温，风力突然加大，火场北面形成 2 条新的火线，火场烟雾极大、火势较猛，云南省森林消防总队又调集邻近支队 2 个大队的 180 消防救援人员增援火场，同时协调云南省消防救援总队 40 辆消防车、190 人进行重点目标增湿作业和火场供水。

（五）

（1）熟悉本想定内容，了解某林场森林火灾基本情况；

（2）以初战灭火分队指挥员的身份了解任务、判断情况、定下决心、部署行动以及组织保障。

笔记

补充想定

（一）

4 月 30 日 17 时 50 分，在接到总队出动命令后，面对火灾蔓延速度快、火势强度高、地形条件复杂、气候条件恶劣等不利因素，根据对起火林区的了解，初战指挥员定下初步行动决心。

想定一：请以初战灭火分队指挥员的身份写出初步行动决心的内容。

（二）

4 月 30 日 19 时，初战灭火力量到达火灾现场后，前进指挥所立即部署开展火场勘察，并对火势进行了评估。20 时 30 分，火场前线联合指挥部召开作战会议，听取汇报，拟定作战方案。因火势主要向东北方向蔓延，现阶段天气状况良好，联合指挥部决定，按照“封控东北保重点，迅速控制火情”总体意图合理部署参战力量，灵活采取战术、战法。总队前进指挥所命令组成两个灭火分队展开灭火行动：一分队 130 人由火场北线打开突破口向东扑打；二分队 150 人由火场东线打开突破口向北扑打。5 月 1 日 0 时 40 分，两支灭火分队实现合围，队伍继续沿东、北线反复清理。5 时 30 分，火场东、北线明火被全部扑灭。

想定二：作为灭火二分队指挥员，请简要阐述如何正确选择突破口和行动中的注意事项。

（三）

5 月 1 日 14 时，火场北线风力增大至 6～7 级，火借风势迅速发展，越过隔离带向北和西北方向蔓延，形成新的 2 条猛烈燃烧的火线。火情发生变化后，前进指挥所命令所有灭火救援力量紧急撤离至安全区域，并调集邻近支队 2 个大队的 180 名消防救援人员增援火场。19 时 30 分，联合指挥部重新制定作战部署，地方灭火队看守东线和北线火场，防止复燃；一分队 280 人从北线隔离带适当地段突击切入，全力追击向北和西北线蔓延的林火，采取“以火攻火”战术拦截向北发展的火头；二分队 180 人扑打逐渐向西蔓延的林火。

想定三：作为一分队火场北线的指挥员，请分析如何利用火头下方小型水库和耕地等有利条件执行“以火攻火”战术。

笔记

（四）

5 月 2 日下午，火场西北线在强风作用下继续燃烧蔓延，严重威胁火场北侧工厂和西北侧村庄的安全，云南省消防救援总队增派消防车和消防救援人员进行增湿作业和火场供水，以保护重点目标安全。云南省森林消防总队派了 120 人的机动力量，在村庄附近开设隔离带，以保护人民生命财产的安全。两个分队持续在火场北线和西北线阻截林火。5 月 3 日 21 时 30 分，前进指挥所抓住有利战机和天气条件，运用“以水灭火、以火攻火、常规装备灭火”结合的方式，成功拦截威胁北侧工厂安全的林火，两个灭火分队成功在西北方向实现合围。5 月 4 日 1 时，火场明火被全部扑灭，灭火行动转入清理看守火场阶段，任务分队继续对火场进行纵深清理，防止死灰复燃。5 月 4 日 17 时，队伍移交火场后安全归建。

想定四：请以分队指挥员的身份分析在西南高山林区灭火救援中，怎样灵活运用“以水灭火”和“常规灭火”相结合的方式展开灭火行动。

附件（表 6-6）

表 6-6　力量编成

单位	人数
云南省森林消防总队前进指挥所	10
云南省森林消防总队 1 支队	280
云南省森林消防总队 2 支队	180

续表

单位	人数
云南省消防救援总队	190
合计	660

七、云南省迪庆州香格里拉市某村森林草原火灾扑救想定

基本想定

（一）

笔记

12 月 28 日 14 时 30 分，云南省迪庆州香格里拉市某村发生森林火灾，火场风力 3～6 级，风向主要为西南风，火势在大风作用下向周边的村庄蔓延，严重威胁人民群众生命财产的安全。

香格里拉市位于云南省西北部、青藏高原东南缘横断山脉腹地，迪庆州东部，地处东经 99°20′～100°19′，北纬 26°52′～28°52′之间，滇、川、藏大三角交汇地带，地势西北高、东南低，平均海拔约 3459 米，地势陡峭、沟谷纵横。火场植被为针叶混交林，以云南松为主，密灌杂草丛生。由于地处高海拔、低纬度地带，气候随海拔升高而变化，依次有河谷北亚热带、山地暖温带、山地温带、山地寒温带、高山亚寒带、高山寒带等 6 个气候带，气候幅宽带窄，垂直立体气候特征明显。

火灾发生时，该地正处于森林火险高危期，森林火险等级较高，且该地为典型的高山干热河谷气候，冬春季节干燥少雨，火灾风险较大。火灾发生当日，火场风力 3～6 级，火势在大风作用下蔓延迅速。

（二）

本次火灾呈现以下特点。

（1）火场环境复杂，扑救难度较大。

火场位于进入迪庆州地域的公路主干道西侧，东侧紧靠金沙江，是云南滇西北方向重要的生态林区，地理环境、林火行为特殊。从天候气象上看，火场因有玉龙雪山和梅里雪山相伴，加之受金沙江江流影响，形成了典型的高山干热河谷气候，植被茂密，冬春季节干燥少雨，昼夜温差大；从植被林相上看，主要为云南松、高山松，并混杂竹林和其他杂木，藤蔓缠绕、灌丛茂密，林内堆积了大量站杆倒木，其密度之大在一般火场较为少见，火场西侧、北侧、南侧均为大面积高密度连绵林区；从地貌特征上看，火场山高坡陡、地势险峻、断崖峭壁耸立；从周边环境上

看，火场西北侧是纵深接近40余公里的原始林区，东侧为经济开发区的饮用水源地，东北侧有一座小型发电站，周边有5个村民小组，一旦火灾得不到控制，人民群众生活将受到极大影响，原始林区受害面积将不可估量。

（2）火场高危火环境较多，情况复杂。

火场位于高海拔地区，总体呈现山高坡陡林密，火势呈地表火伴有树冠火蔓延，上山火、下山火、沟谷火和峭壁火杂混发展，灭火队伍需利用绳索技术、借助水泵水带、搭建人梯接力等高危方式扑打，对灭火队员自身安全威胁较大。

（3）扑打队伍较多，指挥协调难度较大。

火灾发生后，云南省森林草原防灭火指挥部协调调动了1800人参加灭火救援行动，灭火队伍涉及森林消防队伍、消防救援队伍、武警部队、地方专业队、干部群众以及南方航空护林总站的5架直升飞机。因参加灭火队伍较多，导致指挥协调、排兵布阵、协调处置等问题不易把握，精准指挥难度较大。

笔记

（三）

12月28日22时30分，在接到云南省森林草原防灭火指挥部火情通报后，云南省森林消防总队立即启动应急预案，成立总队基本指挥所，调派辖区大队60名消防救援人员先期向火场机动，又调派周边3个支队的400名消防救援人员增援火场，同时成立了总队前进指挥所来指挥和协调灭火救援行动。

（四）

（1）熟悉本想定内容，了解某林场森林火灾基本情况；

（2）以初战灭火分队指挥员的身份了解任务、判断情况、定下决心、部署行动以及组织保障。

补充想定

（一）

12月29日6时，在接到总队出动命令后，面对火灾蔓延速度快、火势强度高、地形条件复杂、气候条件恶劣等不利因素，根据对起火林区的了解，辖区大队初战指挥员定下初步行动决心。

想定一：请以初战灭火分队指挥员的身份写出初步行动决心的内容。

（二）

12月29日18时，总队前进指挥所带增援队伍到达火场，立即部署开展火场勘察。经勘察发现，火场主要有西、北、东北 3 条主要火线，且火线险而乱、烟点较多。根据火场实际情况和发展态势，前进指挥所定下“力阻西线、控制北线”灭火作战意图，并将灭火队伍分为三个分队，具体部署为：一分队 200 人部署至火场西侧，阻截林火向村庄蔓延；二分队 100 人部署至火场西南线，由西南向西北方向超越推进，重点阻击林火向西侧原始林区蔓延；三分队 100 人部署在便于向火场北线机动的地域，并派出勘察小分队重点就北线林火形势、地理环境、交通条件、可用水源等进行勘察；辖区大队 60 人作为预备队随总队前进指挥所行动。

想定二：作为分队指挥员，面对山高、林密、坡陡的地形条件，如何快速安全地带领队伍向火场机动？

想定三：请阐述火场勘察的方式，并描述其优缺点。

笔记

（三）

12 月 30 日 7 时，火场西线大部分地段火势得到有效控制，但火场北线林火火势不断增强、火场面积不断扩大，严重威胁水源地、发电站等重要目标的安全。总队前进指挥所针对火情态势，定下“巩固西线、攻坚北线、突击东北线”灭火作战意图，同时调整部署，命令一分队采取“一线推进、打清结合”战术，由西向西北全力推进；二分队直接从火场内线快速穿插，向西北突击；三分队在火场北线选择合适位置突破火线，采取“一点突破、两翼对进”战术，分别向西北、东北方向追击阻截林火；同时，协调南方航空护林总站 5 架直升飞机对火场实施吊桶作业。

想定四：根据力量部署，二分队需在火场内穿插机动，作为分队指挥员，应当如何保证灭火队员的安全？

（四）

1 月 1 日 2 时，火场实现合围，明火全部被扑灭。针对火场站杆倒木烟点较多、内线沟箐火点未灭的实际情况，总队前进指挥所命令各参战分队在各自责任地段区域将人员分为 3～5 人的小组，对余火和烟点进行处置。1 月 1 日 12 时，火场实现“三无”，灭火队伍在移交火场后安全撤离归建。

想定五：请阐述火场清理的方法。

附件（表 6-7）

表 6-7　力量编成

单位	人数
云南省森林消防总队前进指挥所	10
云南省森林消防总队 1 支队	160
云南省森林消防总队 2 支队	200
云南省消防救援总队	100
合计	470

八、云南省丽江市某地森林草原火灾扑救想定

笔记

基本想定

（一）

4 月 23 日 16 时 50 分，云南省丽江市某地发生森林火灾。此次火灾过火面积约 367 公顷，火场以西南风和西风为主，风力 4～5 级，瞬时风力达 6～8 级，火势在大风作用下快速蔓延，严重威胁周边村庄和某国家森林公园的安全。

该地位于青藏高原东南边缘横断山地向云贵高原过渡的衔接地段，兼具横断山峡谷和滇西高原两单元的地貌特征，地势西北高、东南低，总体呈现谷深林密、山高坡陡、沟壑纵横、断崖峭壁耸立特点，平均海拔 3400 米，坡度为 50～80 度。火场植被以云南松、高山杜鹃和杂灌为主，林木连绵，植被茂密，林内堆积了大量站杆倒木，地表腐殖层长年累积，可燃物多且干枯，极易燃烧。

该地属南温带低纬高原山地季风气候，具有“一山分四季，十里不同天”的立体气候特征，年均气温 12.9 摄氏度，年日照时数 2413 小时，年降雨量 980.3 毫米。根据气象部门信息，火灾发生时，该地较往年年降雨量减少了 70%，温度升高了 2 摄氏度，火险等级居高不下，火场风力 4～5 级，瞬时风力达 6～8 级。

（二）

本次火灾呈现以下特点。

（1）气候异常，火势蔓延速度快。

火灾发生时，该地年降雨量较往年减少了 70%，温度升高了 2 摄氏度，火场地域温度最高达 32 摄氏度，火险等级居高不下。火场以西南风和西风为主，但受火场小气候的影响，时而变换为东风和东北风，风力风向不定，风力以 4～5 级为

主，瞬时风力达 6～8 级，加之林内地表腐殖层长年累积，火势蔓延速度较快。

（2）火线长，危险火行为较多。

此次火灾的火线主要有东线、北线、西线、南线 4 条，各条火线乱而长，经图上平面作业量算，火线总长近 30 公里，加之火场小气候的影响，火线呈高、中、低错落断续分布，有的在山顶蔓延，有的在山脊蔓延，有的在沟谷蔓延。上山火、下山火、沟谷火、悬崖火、飞火交织立体燃烧，火场规模大，危险火行为多。

（3）火场地形复杂，扑救难度大。

火场坡度为 50～80 度，局部地段为陡崖深涧，灭火队伍机动较为困难。植被以云南松、高山杜鹃和杂灌为主，伴生密灌、藤类植物，呈立体连续分布，极易燃烧，树冠火、飞火较多。加之风力较大，风向不定，林火行为复杂多变，参加扑救的人员生命安全时刻受到威胁，扑救困难较大。

笔记

（三）

4 月 23 日 20 时 30 分，在接到云南省森林草原防灭火指挥部火情通报后，云南省森林消防总队立即启动应急预案，成立总队基本指挥所，调派辖区支队 180 名消防救援人员赶赴火场进行先期处置，调派邻近支队 260 名消防救援人员向火场增援，并成立总队前进指挥所来指挥和协调灭火救援行动。

（四）

（1）熟悉本想定内容，了解某林场森林火灾基本情况；

（2）以初战灭火分队指挥员的身份了解任务、判断情况、定下决心、部署行动以及组织保障。

补充想定

（一）

4 月 23 日 22 时，辖区支队 180 名消防救援人员到达火场后，经充分勘察和研判，立即投入火场东线，全力阻截林火向村屯方向蔓延。

想定一：作为初战力量，在增援力量未到的情况下，如何依托现有力量部署灭火作战行动？

（二）

4 月 24 日 17 时，总队前进指挥所带领增援的 260 名消防救援人员到达火场。

总队前进指挥所到达火场后，立即部署开展火场勘察，发现火场北线火势较大，且已向村庄方向蔓延；火场东线辖区支队正在阻截火势；火场西线、南线、地方扑火队正在组织扑打，目前火情处于可控范围内。根据勘察情况，前进指挥所立即部署增援的260名消防救援人员向火场北线机动，到达后采取“一点突破、两翼推进”战术，第一分队100人采取“宜风则风、宜水则水、打隔结合”手段，由北向火场西北方向扑打；第二分队160人依托河流开展行动，阻截火头向北蔓延，并由北向东北方向扑打；辖区支队180人继续在东线开展行动，采取“多点突破、分段合围”战术，利用常规灭火和水泵灭火相结合的方式，阻截林火向东蔓延，并向东北方向扑打。同时，上报总队基本指挥所，调派更多力量增援火场。

> 想定二：作为北线灭火分队的指挥员，请阐述如何选择突破点突破火线。
>
> 想定三：请阐述“多点突破、分段合围”战术的运用时机和注意事项。

笔记

（三）

4月26日6时，第二批增援的200名消防救援人员到达火场。总队前进指挥所再次组织对火场的勘察，并根据火场态势对灭火力量进行调整部署。具体为：西北线由先期到达的北线分队260人继续实施扑打；东线由辖区支队100人继续实施扑打，同时抽调辖区支队80人机动至火场西线，采取“一点突破、两翼推进”战术向北和西南两个方向扑打；西线由第二批增援的100人向西和西南方向扑打；东南线由第二批增援的100人由东南向南扑打。4月27日18时，经过灭火队伍的连续奋战，火场东线、北线明火全部熄灭，火场西线基本得到控制，东线、北线、西线队伍在火场西北侧实现扣头合围，队伍就地清理看守，扑打内线烟点。

> 想定四：请以分队指挥员的身份分析怎样灵活运用“以水灭火”和“常规灭火”相结合的方式展开灭火行动。

（四）

4月28日10时，总队前进指挥所调派东线分队100人向火场西线开进，与先期到达的80人会合，继续清理西线内线火和烟点；调派北线分队160人机动至火场南线，采取“穿插迂回、递进超越”战术由西南向南扑打。4月28日22时，南线两支队伍扣头，火场南线实现合围。4月29日21时，火场明火全部被扑灭，火场全线转入清理看守阶段。4月30日12时，火场实现“三无”，灭火队伍在移交火场后陆续撤离归建。

想定五：请简述“穿插迂回、递进超越”战术。

附件（表 6-8）

表 6-8　力量编成

单位	人数
云南省森林消防总队前进指挥所	10
云南省森林消防总队 1 支队	180
云南省森林消防总队 2 支队	260
云南省森林消防总队第二批增援	200
合计	650

笔记

第七章 西北地区森林草原火灾扑救想定作业

一、甘肃省甘南州某林场森林草原火灾扑救想定

基本想定

（一）

3月2日10时15分，甘肃省甘南藏族自治州（简称甘南州）某林场发生森林火灾，连续的大风天气又加剧了火势发展，一旦火灾失控，将给国家和人民造成巨大损失。

甘南州南部为迭岷山地，东部为丘陵山区，西部为平坦草原，地势西北高、东南低，由西北向东南呈倾斜状。迭岷山地最高海拔4920米，最低海拔1172米。境内河流众多，溪流密布，主要河流有黄河、洮河、大夏河和白龙江，分属黄河水系和长江水系。起火林场为典型的高山峡谷地貌，海拔均在2700米以上，地形复杂，山高坡陡，断崖纵横；河谷深邃，河道落差集中，是甘肃省水能资源蕴藏丰富区。该林场是甘南地区保存最好的原始森林，野生林木植物共有1800余种，主要包括大果青杆、岷江柏木、秦岭冷杉、连香树等针叶林和阔叶林。该地位于青藏高原东北边缘，具有大陆性季节气候的特点，除部分地区没有严寒期外，其余地方长冬无夏，春秋相连且短促。

火灾发生前近一个月，该地区降水较常年同期偏少50%～80%，局部地区偏少80%以上。气温较往年同期偏高2～4摄氏度，局部地区偏高4摄氏度。气候异常干燥，无有效降水，森林火险等级持续在极度危险的五级。起火当日，该地气温8～14摄氏度，西北风5～6级。

（二）

本次火灾具有以下特点。

（1）重点目标多、火灾威胁大。

起火林场地处高海拔原始林区，森林资源集中连片，紧邻藏族群众聚居地，寺庙、景点和水电枢纽等重要目标较多，一旦火势蔓延，就会酿成大灾，损失难以估量。

（2）火场地形复杂，接近扑救难度大。

该火场地势险要，山高坡陡、沟壑纵横、植被茂密，运输车以及直升飞机无法到达指定扑救地点。发生火灾后，很快形成了树冠火、高强度地表火、悬崖火立体燃烧，燃烧态势猛，导致消防救援人员接近扑救难度极大。

笔记

（3）火场天气复杂多变，复燃风险极高。

3 月 2 日 12 时，火场风力持续增大，风向不定、多变，最大风力达 7～8 级。起火林区频繁发生飞火，加之林内腐殖质层厚达 50 厘米，暗火较多，已扑灭的地段多次复燃，火场面积不断扩大，扑救工作进展缓慢。

（三）

3 月 2 日 10 时 15 分，甘肃省甘南州某林场发生森林火灾。在接到甘肃省森林草原防灭火指挥部火情通报后，甘肃省森林消防总队立即启动应急预案，成立总队基本指挥所，调集辖区支队的 5 个森林消防大队的 340 名消防救援人员赶赴火场开展灭火救援行动，并成立了前进指挥所来指挥和协调灭火救援行动。

（四）

（1）熟悉本想定内容，了解某林场森林火灾基本情况。

（2）以初战灭火分队指挥员的身份了解任务、判断情况、部署行动以及进行灾后处置。

补充想定

（一）

3 月 2 日 15 时，辖区支队 340 名消防救援人员先期抵达火场。前进指挥所立即部署利用无人机对火场进行全面勘察。通过火场勘察发现，火场南线有约 5 公里不规则断续火线，火场北线、东线有较大烟点；火场地势险要，山高坡陡、火点烟点均在海拔 2700 米以上。根据对火情的充分研判，前进指挥所命令先期到达分队立即投入火势发展较快的火场南线，突破火线、打开缺口，实施常规灭火；火场北线、东线交由地方专业扑火队处置；报请甘肃省森林消防总队基本指挥所，调派辖区支队、毗邻支队总计 630 名消防救援人员增援。

想定一：请分析此场森林火灾扑救的重难点。

（二）

3 月 3 日 0 时，增援力量到达火场。前进指挥所再次部署火场补充勘察，并根据火情研判决定：根据南线火整体呈下山火态势，且坡底有溪流，先期到达分队继续全力控制火场南线；增援力量兵分两路，一个分队担负西线阻击任务，防止火越过盘山公路蔓延扩大；另一个分队担负火场东线阻隔灭火任务。任务分队迅速展开行动，3 月 3 日 8 时火场初步得到控制。但由于火场面积过大，3 月 3 日 12 时，前进指挥所再次报请增援。总队基本指挥所上报国家消防救援局调派四川省森林消防总队 600 名消防救援人员，摩托化增援火场。

笔记

想定二：请分析下山火扑打的注意事项。

（三）

3 月 4 日 20 时 30 分，大火已经持续燃烧 50 多个小时。暗火产生的一氧化碳浓度急剧增高，消防救援人员长时间在高温和浓烟状态下工作，开始出现呼吸困难、头痛、胸闷、肌肉无力、心悸等症状，分队指挥员初步判定为轻微一氧化碳中毒。

想定三：作为灭火分队指挥员，在火势严重威胁到消防救援人员安全的紧急关头，为避免受到更严重的伤害，请分析此时应采取何种应急处置措施。

（四）

3 月 5 日 15 时 20 分，火场风力增大至 5～6 级，局部阵风在 7 级以上，导致火场频繁发生飞火，加之林内腐殖质层厚达 50 厘米，暗火较多，已扑灭的火线多次复燃。前进指挥所立即部署各任务分队重点阻隔暗火、地下火，同时协调直升飞机实施吊桶灭火作业。

想定四：请根据此情况分析如何有效运用阻隔灭火法进行地下火的隔离拦截。

（五）

3 月 8 日 2 时 25 分，1000 余名消防救援人员按照前进指挥所的部署，在直升飞机吊桶洒水的配合下，利用清晨气温低、湿度大、火势弱的有利时机，全面出击，发起灭火总攻。截至 9 日晚，火场得到全面控制，火场外线除西北部出现两处微弱烟点外，内线烟点数量明显减少，强度明显减弱。前进指挥所召开会议，确立了“全面清理烟点和残火、暗火，确保不复燃”扑救目标，组织消防救援人员全力清除剩余烟点。3 月 10 日 4 时 15 分，现场明火基本被扑灭，火场转入清理看守阶段。10 日 18 时，队伍移交火场后安全归建。

想定五：请根据初步清理与彻底清理相结合、普遍清理与重点清理相结合、分段清理与巡回清理相结合这“三结合”原则来分析火场清理的要点。

笔记

（六）

此次灭火救援行动，参与力量大，投入人数较多。其中，森林消防队伍负责接近火线，突破火线，实施灭火战术，组织灭火行动；消防救援队伍负责保护群众聚居地、寺庙、景点和水电枢纽等重要目标；驻地的武警部队协同配合清理、开设隔离带；地方扑火队负责清理火线、看守火场等。

想定六：请分析此次灭火救援行动如何体现森林草原火灾灭火组织和指挥的协同作战原则，并分析此项灭火行动原则的重要性。

（七）

在灭火和火场清理阶段，航空消防发挥了重要作用，但也暴露了西北地区森林航空消防能力的欠缺。由于特殊的地理条件和地形地貌，西北地区森林灭火对于飞机的依赖程度很高，但目前西北地区森林航空消防网络还不完备，包括甘肃省在内的多数省区还没有航空护林站。

想定七：请结合本次灭火救援行动，谈一谈你对该地区森林火灾防范扑救的理解和建议，包括森林防火观念、进一步加强灭火专业力量建设、森林防火基础设施建设、森林航空消防事业的发展以及整合各领域资源形成灭火行动合力。

附件（表 7-1）

表 7-1　力量编成

单位	人数
甘肃省森林消防总队	970
四川省森林消防总队	600
合计	1570

二、甘肃省兰州市某山区森林草原火灾扑救想定

基本想定

笔记

（一）

7 月 10 日 15 时 30 分，甘肃省兰州市某山区发生森林火灾。起火点附近主要为灌木和高山草甸，由于连续高温且受到强劲东风的影响，火势迅速蔓延，过火面积已达 1800 亩，对周边自然保护区和牧区构成严重威胁。

该地位于黄土高原与青藏高原的过渡地带，总体地势为西部和南部高、东北低，地形以高山和山地为主，平均海拔 2200 米以上。区域主要植被包括高山草甸和散布的灌木，这些植被在干燥条件下极易燃烧。

该地属温带半干旱气候，其特点是日照充足，光能丰富；气候差异明显；降水量少，地域差异大；灾害性天气多，干旱尤为严重；雨热同季，四季分明。气象部门数据显示，火灾发生当日，气候干燥多风，气温 32 摄氏度，最高风速达 7～8 级，极大地促进了火势的蔓延。

（二）

本次火灾在两个不同位置发现火点，这两处火点很快合并，形成了大面积火场。火场主要位于斜坡上，陡坡加快了火势蔓延的速度，形成了典型的“山火快跑”现象。

本次火灾具有以下特点。

（1）地形开阔但坡度大，火势蔓延路径多变且迅速。

火灾发生地为山区，山高坡陡，虽然有开阔的地势，但由于山地坡度较大，火灾蔓延的速度快、路径较多，给扑救带来很大难度。

（2）植被易燃，火势猛烈不易控制。

该地植被主要以草甸和灌木为主，在大风作用下，极易燃烧，蔓延较为迅速且

不易控制。

（3）风力较大，风向多变，为火灾控制增加了难度。

气象部门数据显示，火灾发生时，该地风力达7～8级，大风加剧了火势蔓延，给火灾控制增加了难度。

（三）

7月10日16时，在接到甘肃省森林草原防灭火指挥部火情通报后，甘肃省森林消防总队迅速启动应急预案，成立总队基本指挥所，调集周边支队的500名消防救援人员，携带700余套灭火装备赶赴火场，开展灭火救援行动，同时成立前进指挥所来指挥和协调灭火救援行动。

（四）

笔记

（1）熟悉本想定内容，了解某山区森林火灾基本情况。

（2）以初战灭火分队指挥员的身份了解任务、判断情况、部署行动以及进行灾后处置。

补充想定

（一）

7月10日17时10分，前进指挥所及救援力量到达火场集结地。前进指挥所立即利用无人机对火场进行现场勘察，发现火势主要集中在起火地东坡和南坡。根据火场态势，前进指挥所决定：按照联合指挥部意图，以“分散进攻，集中控制”原则全线投入，力求迅速切断火势向关键区域蔓延。前进指挥所部署：到场力量编成四个分队。东线分队200人，在火场东坡选择合适地点打开突破口，分别沿火线向南和东北扑打；南线分队200人在南坡突破火线，分别沿火线向西侧和东侧扑打；北线和西线分队各50人就地开设隔离带，防止火势蔓延。

想定一：作为分队初战指挥员，到达现场后，根据火场态势应如何选择火场紧急避险区域？

想定二：请阐述作为分队初战指挥员扑救森林火灾的原则和注意事项。

想定三：作为分队指挥员，请阐述如何选择突破点、打开突破口。

（二）

7月10日20时，火场风向突变，火势转向西侧山坡蔓延，前进指挥所立即协调联合指挥部调派直升飞机增援西侧火线，同时调用大型机械加快开辟隔离带，力求在夜间前阻隔住火势。7 月 11 日 3 时，火场风力减小，前进指挥所抓住有利战机命令任务分队全线总攻。7 月 11 日 5 时，主要火线得到控制，任务分队实现合围。随后，队伍转入火场清理阶段，确保不留死角，彻底歼灭所有余火。

想定四：请分析在复杂山地火灾中，“打隔结合”战法的适用时机和注意要点。

想定五：请分析火场清理的重要性，以及如何科学配置力量和设备防止复燃。

（三）

7 月 11 日 10 时，接火场联合指挥部通报，火场东侧由于强风影响出现复燃迹象。前进指挥所立即调派北线、南线分队部分消防救援人员协同东线分队开展灭火行动，派出直升飞机进行吊桶洒水作业，配合地面队伍开展扑救。同时，加强与气象站的联络，以获得实时的风向和风速信息，为行动提供指导。

7 月 11 日 16 时，火场实现“三无”，队伍移交火场后安全归建。

想定六：探讨在地形复杂、风力风向多变的森林火灾灭火行动中，空中与地面扑救力量如何高效协同作战。

附件（表 7-2）

表 7-2　力量编成

单位	人数
甘肃省森林消防总队前进指挥所	10
甘肃省森林消防总队 1 支队	200
甘肃省森林消防总队 2 支队	200
甘肃省森林消防总队 3 支队	100
合计	510

三、甘肃省张掖市某高原森林草原火灾扑救想定

基本想定

（一）

8 月 1 日 9 时 30 分，甘肃省张掖市某高原草原地区发生火灾。

笔记

起火地点位于祁连山脉东侧，地形以高原和丘陵为主，海拔约 3000 米。起火地的植被主要为易燃的高草和灌木，一旦发生火灾，蔓延速度极快。该地区属于高原干旱气候，降水稀少，主要降雨季节集中在秋季。夏季干燥炎热，风力较大，尤其在午后风力可达 4～5 级，火势一旦形成，扩散速度加快，扑救难度增大。

气象部门数据显示，火灾发生前连续数周高温，无有效降水。火灾发生时，起火地最高气温 37 摄氏度，风向北偏东，风力 4～5 级。

（二）

8 月 1 日 12 时 30 分，张掖市某草原地区由于未知原因再次发现两个火点。随着风速持续增强，两个火点迅速蔓延形成大面积火灾，过火面积迅速增至 1500 亩。

笔记

本次火灾具有以下特点。

（1）地势复杂。

起火地多丘陵和不规则地形，影响灭火队伍迅速展开行动。

（2）可燃物易燃且载量大。

可燃物主要为干燥草本和灌木，火势一旦形成，难以快速控制。

（3）风力较大。

起火时，风力较大，风向不稳定，增加了火势发展的不确定性。

（三）

8 月 1 日 13 时，在接到甘肃省森林草原防灭火指挥部火情通报后，甘肃省森林消防总队立即启动应急预案，成立了总队基本指挥所，调派周边县市的 200 名消防救援人员携带相关灭火装备，赶赴现场实施初步灭火行动，并成立了前进指挥所来指挥和协调灭火救援行动。

（四）

（1）熟悉本想定内容，了解某林场森林火灾基本情况。

（2）以初战灭火分队指挥员的身份了解任务、判断情况、部署行动以及进行灾后处置。

补充想定

（一）

8 月 1 日 16 时，总队前进指挥所带救援队伍到达火场。前进指挥所利用无人机对火场进行全面勘察，发现火势已经朝着东、西两个方向蔓延。前进指挥所将火场态势报告联合指挥部。根据当前火场态势，联合指挥部定下“两线同时进攻，优先控制火场西线火势”灭火作战意图，以减少火势对下风向居民区的威胁。

想定一：请阐述作为分队初战指挥员扑救高原草原火灾的原则和注意事项。

（二）

8月1日17时30分，前进指挥所按照联指作战意图做出如下部署：任务分队兵分两路；东线分队100人及配属的地方专业队100人在火场东线选择合适地点打开突破口，分别沿火线向东南、东北方向扑打；西线分队100人及配属的地方专业队100人在火场西线突破火线，沿火线分别向西南、西北方向扑打；张掖市地方专业扑火队100人分别在火场北侧、南侧开设隔离带，防止火势蔓延。同时，协调联合指挥部调派直升飞机对火场开展吊桶洒水作业。

笔记

想定二：作为分队指挥员，要选择何种战术突破火线？请阐述理由。

（三）

8月1日20时，东线分队在灭火过程中，风向突变，风力进一步增大，火势向灭火队伍袭来，分队指挥员立即组织全体人员进行紧急避险，并再次组织火场勘察，确认火势对灭火队员无威胁后，再次投入灭火作战。

想定三：阐述紧急避险的要点及避险方法。

（四）

8月2日7时，火场主要火线得到有效控制，各分队实现合围。随后，灭火队伍转入火场清理阶段，确保彻底扑灭所有余火，并预防可能的复燃。

想定四：请分析清理火场的重要性，以及如何科学配置力量和设备来预防火灾复燃。

（五）

8月2日15时，随着气温升高，部分未完全熄灭的火点表现出复燃迹象。前进指挥所立即就近调派灭火分队进行迅速响应，使用湿沙和化学灭火剂对这些区域进行精确打击，确保不留隐患。

想定五：探讨在干燥高原地区使用化学灭火剂和传统水源灭火的效果对比及其适用性。

（六）

8月2日17时30分，火场实现“三无”，救援人员进行轮换和休息，以保持救援队伍的体力和效率。同时，前进指挥所部署增设临时医疗点，防止由于疲劳和高原反应导致的人员伤害。

笔记

想定六：分析在高原条件下进行灭火作业时，对救援人员进行有效管理和健康监控的策略。

附件（表7-3）

表7-3　力量编成

单位	人数
甘肃省森林消防总队前进指挥所	10
甘肃省森林消防总队1支队	100
甘肃省森林消防总队2支队	100
合计	210

四、甘肃省庆阳市某荒山草原火灾扑救想定

基本想定

（一）

4月5日12时，甘肃省庆阳市某荒山发生草原火灾。起火点附近草木繁茂，且草木尚未返青，易燃性高，扑救难度大。受天气和大风的影响，火势迅速蔓延，过火面积超过3000亩，严重威胁草原资源的安全。

该地是黄河中游黄土高原沟壑区，是陇东高原的主要组成部分。地形北高南低，海拔从885米至2089米，高差1000余米。绝大部分土地属泾河流域，北部少

部分属宁夏诸河流域，东部太白一带属北洛河流域。主要河流有马莲河、蒲河、洪河、四郎河、王家河等，以马莲河为最大，流域面积占全区总土地面积的62%。火场位于高原和丘陵地带，整体地势较为平坦，海拔大约1400米。起火地位于甘肃东部干旱区域，植被类型有限，主要有草原、灌木丛及抗旱植物。该地属大陆性气候，冬季常吹西北风，夏季多行东南风，冬冷常晴，夏热丰雨。降雨量南多北少，降雨多集中在7～9月间。气温南部高于北部。总体呈干旱、温和、光富的特点。

根据气象部门数据，火灾发生时，当日气温24摄氏度，火灾发生前该地超过20日无有效降水，处于高度干旱状态，且草木尚未返青，植被易燃性极高。加之起火当日风力达4～5级，火势借大风迅速蔓延。

（二）

笔记

经初步调查，火灾是由村民上山祭扫引发，共有2处火点，分别位于不同山头。过火面积超过600亩，着火物主要为荒草。

本次火灾具有以下特点。

（1）草原地形平坦开阔，明火蔓延迅速。

与森林火灾相比，草原面积广阔且地势平坦，在大风作用下火势发展极为迅速，火线更长、扑救难度更大。4月5日12时发生了草原火灾后，在4～5级大风作用下，火线很快就发展至6公里，火势发展速度极快。

（2）可燃物极易燃，蓄积量大。

火灾具有明显的季节性。该地区草原火灾主要集中在春季的3月至6月和秋季的9月至11月。春季积雪融化，高温大风天气增多，火灾高发；秋季草原植被枯黄，降雨减少，火灾多发。该地区属干旱地带，植被类型少，主要为抗旱植物和干草类，这些植被易燃性高，蓄积量大，过火后，植被易形成暗火，给扑救工作带来极大的困难。

（3）风力较大、风向多变。

起火当日风力为4～5级，火借风势迅速蔓延，且草原上风向多变，易形成多叉火头，进一步加速了火势蔓延。

（三）

4月5日12时，甘肃省庆阳市某荒山附近因群众祭扫引发草原火灾。在接到甘肃省森林草原防灭火指挥部火情通报后，甘肃省森林消防总队立即启动应急预案，成立总队基本指挥所，先后调集辖区支队3个大队的300名消防救援人员，携带800余套灭火装备，作为第一梯队赶赴火场开展灭火救援行动，集结邻近支队的

400 名消防救援人员作为第二梯队增援火场，并成立了前进指挥所来指挥和协调灭火救援行动。

（四）

（1）熟悉本想定内容，了解该荒山草原火灾基本情况。

（2）以初战灭火分队指挥员身份了解任务、判断情况、部署行动及进行灾后处置。

补充想定

（一）

笔记

4 月 5 日 14 时 50 分，第一梯队 300 名消防救援人员，携带灭火装备到达火场集结。前进指挥所立即部署利用无人机对火场进行全面勘察发现：起火点有两处，相距 10 余公里，划定东线火场为 1 号火场，西线火场为 2 号火场；风向多变，火势极大且迅速向四周蔓延；东线 1 号火场火势迅猛，西线 2 号火场火势较小。根据对火场态势的研判，前进指挥所部署先期到达分队采取“一点突破，两翼推进”战法，全力消除 1 号火场明火。

想定一：请阐述作为分队初战指挥员到达草原火灾现场后，应如何先期部署火场紧急避险区域。

想定二：请阐述作为分队初战指挥员扑救草原火灾的原则和注意事项。

（二）

4 月 5 日 15 时 30 分，第二梯队 400 名消防救援人员到达火场集结后，根据前进指挥所统一部署，立即投入 2 号火场开展灭火救援行动。16 时，1 号火场灭火分队在突破火线过程中遭遇草原火围困，火势凶猛。分队指挥员立即采用点烧解围，带领队员脱离险境，避免了伤亡。

想定三：如采取强行顶风冲越火线进入火烧迹地的方式避险，请分析应注意的要点。

（三）

4 月 5 日 17 时，前进指挥所根据火场补充勘察情况对火场态势进行研判，确定“重兵投入、兵分两路、重点封控”作战意图，决心阻截 1、2 号火场火头。1 号火场灭火分队在组织紧急避险后，待火势平稳后，继续巩固前期战果，采取“多点突破、分段扑灭”战法，扑打清理断续火线。第二梯队灭火分队采取打隔结合方式，扑打 2 号火场火线。同时，甘肃省森林草原防灭火指挥部调配配属力量 800 人，配备 10 台挖掘机开设隔离带。

想定四：请分析“打隔结合”战法的适用时机和应注意的要点。

（四）

灭火过程中，消防救援人员发现火场可燃物主要为抗旱植物和干草类，这些植被易燃性高，蓄积量过大，过火后植被易形成暗火。在此情况下，风力灭火机作用有限，只能限制火灾蔓延，无法完全扑灭。前进指挥所根据火情态势，及时调整战术措施，1、2 号火场采取“控制火头、打清结合”战术，压制火势发展。

想定五：在扑救过程中，消防救援人员发现该地区土壤是结构疏松的沙土。请根据此情况分析是否调整灭火方式。

想定六：请分析应采取何种战术、战法扑打暗火。

（五）

4 月 6 日 8 时，火场明火全部被扑灭，队伍转入清理火场阶段，灭火队伍继续对火场沿线实施彻底清理巡查，防止死灰复燃。6 日 12 时，队伍移交火场后安全归建。

想定七：请分析清理、看守火场的重要性，以及如何科学配置配属力量。

附件（表 7-4）

表 7-4　力量编成

单位	人数
甘肃省森林消防总队前进指挥所	10
甘肃省森林消防总队 1 支队	300
甘肃省森林消防总队 2 支队	400
合计	710

笔记

五、宁夏回族自治区固原市某荒山草原火灾扑救想定

基本想定

（一）

3月13日12时许，宁夏回族自治区固原市某荒山发生草原火灾。火场处于高原和丘陵地带，整体地势相对较平坦，海拔均在1600米左右，起火点附近草木较多，此季节的草木还未返青，可燃物含水率低，扑救难度大。

固原市位于中国黄土高原的西北边缘，境内以六盘山为南北脊柱，将该地分为东西两壁，呈南高北低之势。海拔大部分在1500～2200米。由于受河水切割、冲击，形成丘陵起伏，沟壑纵横，梁峁交错，山多川少，塬、梁、峁、壕交错的地理特征，属黄土丘陵沟壑区。起火地土地总面积410.85万亩，其中耕地146.9万亩，林地面积177.83万亩，牧草地面积38万亩。植被在水平带上属于温带草原带，具有由森林草原向干旱草原过渡的特点。六盘山主脉一带为森林草原和落叶阔叶林，向北逐渐变化为森林草原、灌丛草原和干旱草原。由于长期破坏，森林严重退化，草原成为区内植被主体，主要分布在黄土丘陵区，且退化严重。

该地气候属内陆暖温带半干旱区。由于地处内陆中纬度地带，全年大部分时间受高压高空西北风的环流影响，受青藏高原大气团的控制，境内降水少，蒸发量大，干燥度较高，大陆性气候特征明显。该地气候特征如下：四季分明，冬季寒冷漫长，春季气温多变，夏季短暂凉爽，秋季降温迅速，差异性大，春季和夏初雨量偏少，灾害性天气多，区域降水差异大等。

气象部门数据显示，火灾发生时，受季节性气候影响，该地一段时间内无有效降水，最高气温20摄氏度，风力4～5级。

（二）

经初步勘察，起火原因是村民上山祭扫，共有3处着火点，在3个不同的山头，过火面积500余亩，着火物多为荒草。

本次火灾具有以下特点。

（1）草原地形平坦，可燃物易燃，火灾威胁性大。

草原面积大且地势平坦，一旦发生火灾，在大风的作用下，火势迅速扩展并难以控制。且该地区处于我国干旱地带，植被类型少，主要以抗旱植物和干草类为主，这些植被具有易燃性高、过火速度快等特点，严重威胁了周边重点单位及森林

笔记

草原的安全。

（2）气候不利，扑救困难。

3月份为该地春防紧要期，降水量偏少，风向多变，火势发展变化较快，堵截扑救难度大。火场昼夜温差大，白天气温高达20摄氏度，夜间则降至零下，白天闷热难耐，夜晚寒风刺骨，消防救援人员灭火条件艰苦。

（3）多点行动，指挥不便。

由于火灾发生地共有3处着火点，在3个不同的山头，过火面积500余亩，着火物多为荒草，这就需要消防救援人员在多点展开行动，人员分散，是对组织和指挥的极大考验。

（三）

3月13日13时，在接到自治区森林草原防灭火指挥部火情通报后，甘肃省森林消防总队立即启动应急预案，成立总队基本指挥所，调集辖区支队300名消防救援人员及毗邻支队400名消防救援人员赶赴火场开展灭火救援行动，并成立了前进指挥所来指挥和协调灭火救援行动。

笔记

（四）

（1）熟悉本想定内容，了解某荒山草原火灾基本情况。

（2）以初战灭火分队指挥员的身份了解任务、判断情况、部署行动以及组织保障。

补充想定

（一）

3月13日15时，辖区支队300名消防救援人员，携带900余件（套）灭火装备，采取摩托化机动方式到达火场。到达火场后，前进指挥所利用无人机对火场进行全面勘察发现：共有3处着火点，在3个不同的山头，过火面积500余亩，着火物多为荒草；火场风向多变，风力较大，火势蔓延速度快。同时，先期到达的地方扑火队通报该地为结构疏松的沙土地带。

想定一：经火场勘察发现着火植被多为荒草，请分析扑救草原火灾的危险性及需要采取何种战术措施。

想定二：请分析结构疏松的沙土地带存在何种危险性，以及队伍应当如何机动。

（二）

在对火场进行充分研判后，前进指挥所部署：将火场划分为1、2、3号火场；先期到达的辖区支队兵分两路，一个分队采取“风水结合、打清推进”方式，沿火场西北线1号火场扑打，另一个分队采取“穿插迂回、递进超越”战法，在火场西南2号火场扑打明火。地方扑火队就近负责控制危险性较小的3号火场的火线。16时，毗邻支队400名消防救援人员达到火场，接替地方扑火队负责扑打3号火场。根据3号火场火情态势，分队指挥员决定采取边观察边行进方式接近火线扑打。火场杂草尚未返青，含水率低，极易燃烧，全线发展为高强度地表火，风力灭火机作用有限，只能限制火灾蔓延，无法将火完全扑灭。

想定三：请阐述“穿插迂回、递进超越”战法的运用时机和注意事项。

笔记

（三）

3月13日16时30分，1号火场遭遇火势突变，火势凶猛，灭火分队被草原火围困。分队指挥员当即带领队伍转移至火烧迹地避险，避免了伤亡事故。火灾发生后，自治区森林草原防灭火指挥部同时调集了配属力量，承担开设隔离带任务。遇风向突变，配属力量因转移不及时，造成了人员伤亡。

想定四：请简述快速转移至火烧迹地避险有哪些注意事项。

（四）

3月13日19时，火场风向逐渐平稳、风力减小。前进指挥所抓住当前火场面积较大，但火势发展较为平稳，地形、植被、气候等客观因素有利于扑救的战机，当即决定采取“多点突破、分段扑灭”灭火战术，各个任务分队协同配合，快速对火场实施合围。

想定五：请简述“多点突破、分段扑灭”战术的运用时机、把握要点和主要优势。

（五）

3月14日8时，经消防救援人员连夜奋战，火场明火全部被扑灭。任务分队继续对火场沿线实施彻底清理巡查并安排看守火场，以防止火势复燃。3月14日18时，队伍移交火场后安全归建。

想定六：请以初战灭火分队指挥员的身份对此次灭火行动进行总结。

附件（表7-5）

表7-5　力量编成

单位	人数
甘肃省森林消防总队前进指挥所	10
甘肃省森林消防总队1支队	300
甘肃省森林消防总队2支队	400
合计	710

六、陕西省韩城市某林场森林草原火灾扑救想定

笔记

基本想定

（一）

4月5日13时40分，陕西省韩城市某林场发生森林火灾，严重威胁当地林区人民群众生命财产和森林资源的安全。

该林场所在地地势西北高、东南低。西部深山多为梁状山岭，一般海拔900米以上，最高海拔1788米。中部浅山区多为黄土丘陵，海拔600～900米。东部黄土台原，一般海拔400～600米，濼水下游川道和黄河滩地，多在海拔400米以下。境内山原川滩等地貌类型兼有，其中深山和浅山丘陵占总面积的69％。起火林场植被区划分为三个区：西北草灌区，主要植被为灌草，部分为深山油松、辽东栎森林，草层高度23～57厘米，总覆盖度70％～85％；中部浅山丘陵草坡区，主要以针叶林为主；东南川塬滩地农田区，主要植被为针阔混交林，植被垂直变化比较明显。

该地处于暖温带半干旱区域，属大陆性季风气候，四季分明，气候温和，光照充足，雨量较多。年平均气温13.5摄氏度；年平均降水量559.7毫米，但雨量不均，多集中于7～9月份。春夏季易发生干旱，夏季阵雨多、强度大。火灾发生时起火地最高温度26摄氏度，西南风2级。

（二）

本次火灾具有以下特点。

（1）地形复杂。

火场平均海拔在1000～1500米，坡度大多在60度以上，属于沟谷地形，给火灾扑救带来了较大困难。

（2）植被茂密。

起火地森林茂密，森林覆盖率高达45.1%，分布有渭北面积最大的白皮松、油松天然次生林，野生动物资源十分丰富。火场植被以油松为主，北坡为纯油松林、南坡为混交林，有超过20厘米厚的腐殖质层覆盖，可燃物载量大；林内植物郁闭度较高，可视程度低，对于判断火场位置十分不利。

（3）天气多变。

起火地温度在10～26摄氏度，温差较大，午间温度上升，风向不定，火场风力平均在3～4级，不时伴有阵风，气象条件不稳定，部分地段出现飞火。

笔记

（4）点多面广。

火场为断续火线，总体呈现点多、线长、面广的态势，火点、烟点较多，队伍展开行动困难，危险系数较高。

（三）

4月5日13时40分，陕西省韩城市某林场发生森林火灾。接到陕西省森林草原防灭火指挥部火情通报后，甘肃省森林消防总队立即启动应急预案，成立总队基本指挥所，先后调集300名消防救援人员赶赴火场开展灭火救援行动，并成立了前进指挥所来指挥和协调灭火救援行动。

（四）

（1）熟悉本想定内容，了解该林场森林火灾基本情况。

（2）以初战灭火分队指挥员的身份了解任务、判断情况、定下决心、部署行动以及组织保障。

补充想定

（一）

4月7日4时，灭火分队在火场集结完毕。前进指挥所利用无人机对火场进行了勘察。根据火情态势分析，前进指挥所部署：分为两个任务分队展开行动，一分队200名消防救援人员沿东侧山沟徒步挺进火场，负责火场东北线；二分队100名消防救援人员徒步向火场南侧机动，负责火场西南线。由于该地区地形复杂、山高坡陡，接近火线异常困难，在向导的配合下，消防救援人员现场开辟临时通道，采用绳索攀登的方式组织上山。经过4个多小时的不懈努力，4月7日8时许，两个分队接近火线并展开行动。

想定一：请简述在地形复杂的情况下接近火线的安全注意事项。

（二）

前进指挥所部署对火场进行补充勘察，了解到火场面积大约 60 公顷，植被为纯油松，在火场西南线有不足 1 公里连续火线，火场南线有少量烟点。根据火情态势，前进指挥所命令二分队在火场西南线采取“多点突破、分段扑救”战法，快速阻击火势；一分队沿火场东北线采取“穿插迂回、边打边清”战法扑打明火。两个分队分别在火场北线、南线扣头，实现合围。

想定二：请结合火场实际，阐述“多点突破、分段扑救”“穿插迂回、边打边清”战法的运用时机和注意要点。

（三）

前期前进指挥所对火场温度、风力等天气情况掌握不全面，对火势变化估计不足，特别是对火场全线复燃没有做到准确预判。4 月 7 日 10 时 30 分，火场西南线部分烟点开始复燃，12 时左右全线复燃，部分地段形成高强度树冠火，灭火队伍紧急撤至安全区域。

想定三：请分析如遇先期决策上的偏差，初战灭火分队指挥员应当如何应对。

（四）

4 月 7 日 17 时 30 分，火场风力减弱。前进指挥所利用无人机、直升飞机，再次对火场进行了全面补充勘察，了解到火场西线、南线及东线南部全线复燃，火线长度 7 公里，在 3～4 级东北风作用下，火头正向西南方蔓延；火场附近无可利用水源，在东侧约 20 公里处有一座水库。根据补充勘察结果，前进指挥所确立了“阻南、打西、控东”作战意图和“地空配合、全线用兵、预设隔离”战术。在森林灭火行动中，甘肃省森林消防总队增援分队负责扑明火、打头火、攻险段；地方扑火队负责跟进清理看守；民兵负责送水、保障；气象部门每小时预报，提供伴随式保障。

想定四：请分析此次灭火救援行动如何体现森林火灾灭火的协同作战原则。

笔记

（五）

4 月 8 日 11 时左右，明火基本被扑灭，仅剩悬崖处几处火点。11 时 10 分，前进指挥所调派直升飞机进行吊桶作业，共 9 架次，全力扑灭悬崖处火点。灭火分队继续对火场沿线实施彻底清理巡查并安排看守火场，组织力量进行反复清理，以防止火势复燃。16 时，火场实现“三无”。17 时，队伍移交火场后安全归建。

想定五：请简要阐述直升飞机吊桶灭火技术的主要特点和适用条件。

附件（表 7-6）

笔记

表 7-6　力量编成

单位	人数
甘肃省森林消防总队前进指挥所	10
甘肃省森林消防总队 1 支队	200
甘肃省森林消防总队 2 支队	100
合计	310

七、宁夏回族自治区中卫市某山森林草原火灾扑救想定

基本想定

（一）

2 月 18 日 20 时 40 分，气象卫星遥感火情监测到宁夏回族自治区中卫市某山北坡发生森林火灾，严重威胁当地林区人民群众生命财产和森林资源的安全。

该地位于黄土高原西北部，属黄河中游黄土丘陵沟壑区。境内丘陵起伏，沟壑纵横，六盘山余脉（南华山、西华山、月亮山等）由南向北深入境内，形成西南高、东北低的特殊地形，南部最高海拔 2955 米，是宁夏南部最高峰。这一地区地势高寒，雨量较多，有少量天然次生林零星分布。东部地形平坦、土层深厚、土质较好。中部为梁峁残塬地带，其间丘陵起伏，沟壑纵横交错，植被稀疏，水土流失严重。总土地面积中，黄土丘陵占 66%，土石山区占 1.6%，塬地占 4.4%，河谷川地占 20.9%，山地占 7.1%；天然林地 4.36 万亩，天然草地 260 万亩。水文特点是山间河谷及山洪沟较多，但地表径流量不大，多为间歇河，季节变化性大，遇到暴雨即发洪水，雨后基本干涸，部分降水渗入地下，以泉水的形式溢出。该地植物种类繁多，大部分为草本植物，小部分为灌木林，包括药用植物 60 余种，如黄

芪、升麻、党参、天仙子、补血草等，油料植物十余种，如山杏、风花菜、虎榛子等，饲草植物 20 余种，如大针茅、长芒草、短花针茅等，园林绿化与材用经济植物 30 余种，如华北紫丁香、毛叶忍冬等。该地深居内陆，大陆性季风气候明显，特点是春暖迟、夏热短、秋凉早、冬寒长。年均气温 7 摄氏度，一月均温零下 6.7 摄氏度，七月均温 19.7 摄氏度。年平均降水量 360 毫米，大多集中在秋季，年均蒸发量 2200 毫米，素有“十年九旱”之称，是宁夏最干旱的地区之一。

气象部门数据显示，火灾发生当日，气温为零下 1～13 摄氏度，南风 6 级，部分地区瞬时风力可达 7 级以上。

（二）

本次火灾具有以下特点。

（1）火场海拔高，火灾威胁大。

火场地处高海拔林区，海拔在 2000 米左右，森林资源集中连片，一旦火势蔓延，就会酿成大灾，损失难以估量。

（2）可燃物类型多，复燃风险高。

火场植被种类繁多，大部分为草本植物，小部分为灌木林，林相混杂，地被物较厚。起火后火势发展极其迅猛，复燃风险极高。

（3）连续干旱，风力极大且风向多变。

火灾发生时，当地已经连续多日无有效降水，南风 6 级，部分地区瞬时风力可达 7 级以上。至 19 日 10 时，火场风力持续增大，最大风力达 7～8 级，频繁发生飞火。火场受风向、风力、温度、湿度等的影响，火势常出现强、弱、进、退难以判断的情况，时常出现火爆、火旋风，极易形成火场小气候，对消防救援人员接近火场和扑救森林火灾造成了安全威胁。

（三）

2 月 18 日 20 时 40 分，宁夏回族自治区中卫市某山北坡发生森林火灾。在接到宁夏回族自治区森林草原防灭火指挥部火情通报后，甘肃省森林消防总队立即启动应急预案，成立总队基本指挥所，调集宁夏驻防分队 200 名消防救援人员赶赴火场开展灭火救援行动，并成立了前进指挥所来指挥和协调灭火救援行动。

（四）

（1）熟悉本想定内容，了解某山森林火灾基本情况。

（2）以初战灭火分队指挥员的身份了解任务、判断情况、部署行动以及组织保障。

笔记

补充想定

（一）

2月18日22时，驻防分队200名消防救援人员，携带800余件（套）灭火装备，各类型车辆31辆，赶赴火场。到达火场后，前进指挥所利用无人机对火场进行全面勘察，发现起火地多处为陡坡、山谷、草塘沟、山岩凸起等危险地形，火场风向多变、风力较大，烟点、火点分散。前进指挥所遂决定采取“预设隔离、多点突破、分段扑救”战法来控制火势蔓延。

想定一：请结合火场实际，阐述选取预设隔离点的注意事项。

想定二：阐述采取“多点突破、分段扑救”战法的时机和应注意的要点。

笔记

（二）

22时45分许，火场风力达7～8级，火势在大风作用下越过第一道防火隔离带，蔓延至小山沟。灭火分队遂快速转移到预设安全区域避险，保证了队伍安全。由于风向变化，23时30分火场开始复燃，次日0时左右全线复燃，队伍当即再次停止灭火行动进行避险。

想定三：请简述火场紧急避险方式和注意要点。

（三）

19日2时，火场风力逐渐减弱，气温降低。前进指挥所根据火势发展较为平稳、有利于扑救的情况，当即部署一个分队采取“利用依托，以火攻火”战法堵截西北线火场，另一个灭火分队采取“穿插迂回、递进超越”战法堵截东北线火场，最终两个分队形成钳形夹击之势，合围火场。

想定四：请简要阐述“两翼对进，钳形夹击”的运用时机和把握要点。

（四）

由于山上地形复杂，从山下到最远的灭火点需要3小时左右，很多地方没有路，灭火人员只能攀崖而上，救援难度非常大，林区内植物郁闭度较高，可视度低，对行进也造成了一定的困难。

想定五：请简要说明在野外行进时，行进路线的选择、行进速度的判断以及行进需要注意的事项。

（五）

2 月 19 日 9 时，火场实现合围，明火全线被扑灭。灭火分队继续对火场沿线实施彻底清理巡查并安排看守火场，以防止火势复燃。2 月 19 日 14 时，灭火队伍移交火场后安全归建。

在此次灭火行动中，驻防分队主要负责扑明火、打头火、攻险段；宁夏回族自治区森林草原防灭火指挥部负责调集解放军、武警等配属力量跟进清理看守；民兵负责送水、保障；同时，气象部门负责每小时预报，提供伴随式保障。

笔记

想定六：请分析此次灭火救援行动如何体现森林草原火灾扑救组织指挥的协同作战原则。

附件（表 7-7）

表 7-7　力量编成

单位	人数
甘肃省森林消防总队宁夏驻防分队	200
合计	200

八、青海省海西州某荒漠草原火灾扑救想定

基本想定

（一）

7 月 10 日 14 时，青海省海西州某荒漠草原发生火灾。起火区域草木稀疏，但由于极端干燥的气候和强风，火势迅速蔓延，过火面积达 1000 余亩，严重威胁附近的牧区和野生动物栖息地生态资源的安全。

起火地点位于青藏高原边缘，地形以平坦和轻微的丘陵为主，整体地势为西北高、东南低，海拔约 2800 米。该地区是典型的高寒干燥大陆性气候区，冬季长且寒冷，夏季短暂但多风。该区域年降水量低，主要降水季节集中在夏季。地表多为砂石和稀疏植被，主要植物为低矮的草本和灌木，这些植被在干燥条件下易于燃

烧。火灾发生时，火场为偏东风，风力为5～6级。

（二）

本次火灾具有以下特点。

（1）风力较大，火势蔓延迅速。

起火区域地形以平坦和轻微的丘陵为主，地势平坦且开阔，缺乏天然屏障，一旦起火，火势蔓延速度快，控制难度大。

（2）可燃物较为干燥，易形成大面积扩散。

该地区是典型的荒漠草原，植被以低矮草本和灌木为主，虽然处于夏季且植被稀疏，但由于处于荒漠地带，植被依然极易燃烧。

（3）地形地貌简单，有利于行动展开。

该地区地形起伏较小，视野较为开阔，有利于灭火行动的展开，组织、指挥难度较小。

笔记

（三）

7月10日15时，甘肃省森林消防总队青海驻防分队在接到火情通报后，立即出动80名消防救援人员向火场机动，开展灭火救援行动，同时上报总队请求跨区域增援。甘肃省森林消防总队接报后，立即启动应急预案，调派200名消防救援人员增援火场，并成立前进指挥所来指挥和协调灭火救援行动。

（四）

（1）熟悉本想定内容，了解某荒漠草原火灾基本情况；

（2）以初战灭火分队指挥员的身份了解任务、判断情况、部署行动以及进行灾后处置。

补充想定

（一）

7月10日17时，前进指挥所及驻防分队到达火场。由于火势较为猛烈，带队指挥员立即组织利用无人机进行火场勘察。经勘察，发现火势主要沿风向向西蔓延并逐渐逼近牧区和野生动物栖息地。前进指挥所根据火情态势研判，部署专业灭火队在火场西侧开设隔离带，堵截火势向重点目标蔓延；驻防分队采取分段扑救策略，从东向西逐步压制火势。

想定一：作为分队初战指挥员，请阐述扑救草原火灾的原则和注意事项。

（二）

7月10日21时30分，甘肃省森林消防总队增援的200名消防救援人员到达火场，并部署对火场开展补充勘察。经勘察发现，受地形和风向的影响，火势主要向西侧蔓延，并有向北侧蔓延的趋势。根据火情态势，前进指挥所立即部署：一分队100人接替驻防分队，同时利用已在西侧开设的隔离带开展点烧作业；二分队100人携带常规灭火装备在火场西北侧突破火线，沿火线向西南扑打，同时堵截火势向北侧的蔓延；驻防分队80人作为预备队，随时准备增援火场。

想定二：请阐述点烧战术应用的时机、方法和注意事项。

想定三：如果遇到风向突变，火势变大，请分析应采取的安全措施和技术手段。

笔记

（三）

7月10日23时，各任务分队按照前进指挥所的部署投入灭火救援行动。至7月11日3时，前进指挥所根据火场情况，决定利用夜间风力小、温度低的特点，采用“分散进攻，集中清理”战法封控主要火源，同时利用大型机械在火场外围开辟隔离带，封锁火势扩散的路径。

想定四：请分析在开阔草原火灾中“分散进攻，集中清理”战法的适用时机和应注意的要点。

（四）

7月11日8时，火势得到基本控制，火场实现合围。随后，队伍转入火场清理和看守阶段。各分队分段彻底清理所有余火，防止复燃。

想定五：请分析看守火场的重要性及如何科学配置力量和设备以预防复燃。

（五）

7月11日10时，随着火场实现合围，前进指挥所开始评估火场的整体情况，特别关注风向和气温的变化，预测可能的火势复燃。考虑到即将到来的日间高温，前进指挥所决定维持高警戒状态，同时调整队伍的休息和轮换计划，确保在关键时刻有足够的人力可以投入灭火行动。

想定六：分析在极端气候条件下，如何优化消防资源配置和人力管理，以应对火场可能的变化。

（六）

7月11日12时，火场东侧地带由于风力加大出现了若干复燃点。前进指挥所迅速响应，部署无人机进行精准定位，并调派预备队携带常规灭火装备将复燃点迅速扑灭。此外，增加了卫星通信设备的使用，以保持各扑救小组间的实时通信。7月11日16时，火场实现“三无”，灭火队伍在移交火场后，陆续撤离火场。

想定七：讨论现代通信和监测技术在控制大规模草原火灾中的作用及其对提高响应速度的重要性。

笔记

附件（表7-8）

表7-8　力量编成

单位	人数
甘肃省森林消防总队前进指挥所	8
甘肃省森林消防总队青海驻防分队	80
甘肃省森林消防总队1支队	200
合计	288

九、青海省西宁市某山区森林草原火灾扑救想定

基本想定

（一）

7月5日14时30分，青海省西宁市某山区发生森林火灾。起火点附近主要为灌木和草甸，由于连续的高温、地形的高原特性以及强劲的西风，火势迅速蔓延，过火面积已达1500亩，对周边自然保护区和牧区构成严重威胁。

该地区地形以高原和山地为主，整体地势为西南高、东北低，平均海拔2200米以上。该区域植被主要为高原草甸和散布的灌木，这些植被在干燥条件下极易燃烧。该地属大陆性高原半干旱气候，年平均日照为1939.7小时，年平均气温7.6摄氏度，最高气温34.6摄氏度，最低气温零下18.9摄氏度，属高原高山寒温性气候。夏季平均气温17～19摄氏度，年平均降水量380毫米。

火灾发生时，该地区已连续多月气候干燥，多风，最高风速达到6～7级，极大地助长了火势的蔓延。

（二）

本次火灾具有以下特点。

（1）地形开阔但坡度大，火势蔓延迅速且路径多变。

火场主要位于斜坡上，坡度加剧了火势的蔓延速度，形成典型的“山火快跑”现象。

（2）植被易燃，火势猛烈不易控制。

火场所处位置气候干燥，植被含水率极低，易燃物质丰富，一旦发生火灾，火势蔓延速度较快，极难控制。

（3）风力较大，风向多变，扑救安全隐患较大。

火灾发生时，该地区最大风力为6～7级，风向多变，对消防救援人员的安全威胁较大。

笔记

（三）

7月5日17时，甘肃省森林消防总队青海驻防分队接到火情通报后，立即出动100名消防救援人员赶赴火场参加灭火救援行动，同时上报总队请求调派增援力量。甘肃省森林消防总队接报后，立即启动应急预案，成立总队基本指挥所，调派邻近支队300名消防救援人员，携带600余件（套）灭火装备跨区域增援火场，同时成立前进指挥所来指挥和协调灭火救援行动。

（四）

（1）熟悉本想定内容，了解某山区森林火灾基本情况。

（2）以初战灭火分队指挥员的身份了解任务、判断情况、部署行动以及进行灾后处置。

补充想定

（一）

7月5日20时10分，驻防分队100名消防救援人员到达火场。分队指挥员立即部署开展初期火场勘察。经勘察发现，火势主要集中在北坡，东坡有零星烟点。根据火情态势，分队指挥员定下“守北清东，坚决堵截林火继续蔓延”灭火行动决心，采用“多点突破、分割围歼”战法重点扑救北坡林火，力求切断火势向关键区域的蔓延。

想定一：请阐述作为分队初战指挥员扑救森林火灾的原则和注意事项。

想定二：请根据灭火行动决心，对现有灭火力量进行合理配置。

（二）

7月6日5时，甘肃省森林消防总队前进指挥所带增援力量到达火场，并立即部署补充勘察。经勘察发现，火场东侧烟点在初战力量的扑救下已基本熄灭，且由于风向改变，火势已开始向火场南侧蔓延。根据当前火情态势，前进指挥所立即作出如下部署：驻防分队100名消防救援人员立即转战火场南侧，配合地方专业扑火队利用大型机械在南线开设隔离带，堵截林火持续向南蔓延；增援分队300名消防救援人员机动至火场北线，采取“一点突破、两翼推进”战法，在火场北线打开突破口，最终实现合围。

笔记

想定三：队伍机动过程中，如果打开突破口时遇到危险，应考虑哪些安全措施和技术手段？

（三）

7月6日12时30分，由于气温升高，风力增大，前进指挥所根据火场和灭火队伍实际情况命令所有任务分队立即撤离火场，选择合适位置开设隔离带，并进行休息轮换；同时派出人员实时监测火场发展情况。

想定四：请阐述哪些时间段是扑救森林火灾的最佳时机。

（四）

7月6日20时，随着火场气温、风力逐渐降低，前进指挥所命令各任务分队抓住有利时机，采用“多点突破、分割围歼”战法对火场发起总攻，力争在夜间将火场合围。

想定五：请阐述夜间灭火作战要如何保障灭火队员的安全。

想定六：阐述“多点突破、分割围歼”战法的应用时机和注意事项。

（五）

7月6日7时30分，火场实现合围，明火基本被扑灭，火场转入清理看守阶段。11时，火场余火全部熄灭，火场实现“三无”。消防救援队伍在将火场移交后陆续撤离归建。

想定七：请阐述队伍撤离归建时的注意事项。

附件（表 7-9）

表 7-9　力量编成

单位	人数
甘肃省森林消防总队前进指挥所	8
甘肃省森林消防总队青海驻防分队	100
甘肃省森林消防总队 1 支队	300
合计	408

笔记

十、新疆维吾尔自治区伊宁市某山区森林草原火灾扑救想定

基本想定

（一）

6 月 15 日 14 时 30 分，新疆维吾尔自治区伊宁市某山区发生森林火灾。受持续高温和强风影响，火势迅速蔓延，过火面积达 2000 亩，严重威胁森林资源及附近居民生命财产的安全。

该地位于天山南麓，地势北高南低，由东北向西南倾斜。地貌单元有中低山地、冲洪积扇和河谷阶地。北部为中低山地，为侵蚀构造上升区，北高南低，海拔 700～2300 米，岗峦沟壑起伏；南部为冲洪积扇和河谷阶地；东部为洪积扇和河谷阶地，由东北向西南倾斜，海拔 580～750 米。地貌形态多尖脊峰、尖峰、岩石裸露，多悬崖陡壁。

该区域植被以针叶林为主，包括松树和冷杉，这些植物在干燥条件下极易燃烧。该地属北温带大陆性气候，四季分明，日照充足。年均气温 9.2 摄氏度，1 月最冷，年均零下 12 摄氏度，7 月最热，年均 22.8 摄氏度，年均降水量 235 毫米，无霜期 178 天，年均日照 3014 小时。地区气候特点为春季和秋季干燥，风力较大，尤其是春季风速可达 5～6 级，会加速火灾蔓延。

气象部门数据显示，火灾发生时当地最高气温 28 摄氏度，东南风 3～4 级。

（二）

本次火灾具有以下特点。

（1）地形复杂，火势蔓延路径多变。

由于地形多为坡地，火势在风力作用下蔓延速度快，蔓延方向多变，使扑救难度增加。

（2）可燃物质量大，易燃性高。

针叶林含油量高，一旦起火，火势猛烈且不易控制。

（3）风力较大，风向不定。

当地常有突发的强风，风向多变，使得火势控制更为困难。

（三）

6月15日17时，在接到新疆维吾尔自治区森林草原防灭火指挥部火情通报后，新疆维吾尔自治区森林消防总队迅速启动应急预案，成立总队基本指挥所，调集辖区支队的200名消防救援人员，携带常规灭火装备迅速向火场机动，同时成立了前进指挥所来指挥和协调灭火救援行动。

笔记

（四）

（1）熟悉本想定内容，了解某山区森林火灾基本情况。

（2）以初战灭火分队指挥员的身份了解任务、判断情况、部署行动以及进行灾后处置。

补充想定

（一）

6月15日20时30分，前进指挥所带领灭火队伍到达火场，立即部署利用无人机和徒步方式对火场进行勘察，发现火势主要集中在山顶和西坡。根据火场情况，前进指挥所定下"两点同时进攻，重点控制山顶火势"灭火行动意图，并将200名消防救援人员分为两个分队：一分队100人在西坡合适位置突破火线，并沿火线进行扑打；二分队100人配合地方专业扑火队在山顶火线前方开设隔离带，阻截火势继续蔓延。

想定一：请阐述徒步勘察火场的优点和注意事项。

想定二：请阐述作为分队初战指挥员扑救森林火灾的原则和注意事项。

（二）

6月15日22时，各任务分队按照前进指挥所统一部署向各自任务区域开进，按要求投入灭火救援行动。在攻坚过程中，由于火场西线风向突变，威胁到西线分队的安全，分队指挥员立即部署开展火场紧急避险，待风势减小、风向平稳后，在确保队伍安全后继续投入灭火行动。

> 想定三：作为分队指挥员，应如何部署火场紧急避险？

（三）

6 月 16 日 2 时，前进指挥所对火场开展补充勘察，发现西线明火基本熄灭，剩余部分烟点需要清理，山顶火线已逐渐逼近隔离带。根据当前火情态势，前进指挥所命令火场西线任务分队将火场移交地方扑火队，并向山顶增援。同时，协调联合指挥部投入更多重型机械加快开辟隔离带，力求在夜间控制住火势。

> 想定四：请分析在复杂山地火灾中，“打隔结合”战法的适用时机和注意要点。

（四）

6 月 16 日 7 时，火场明火全部被扑灭，火场转入清理和看守阶段。各任务分队分段清理余火和烟点，确保不留死角。13 时，火场实现“三无”，消防救援队伍在移交火场后陆续撤离归建。

> 想定五：请分析清理、看守火场的重要性及如何科学配置力量和设备以防止复燃。

附件（表 7-10）

表 7-10　力量编成

单位	人数
新疆维吾尔自治区森林消防总队前进指挥所	10
新疆维吾尔自治区森林消防总队 1 支队	100
新疆维吾尔自治区森林消防总队 2 支队	100
合计	210

笔记

参考文献

[1] 李建华．灭火战术［M］．北京：中国人民公安大学出版社，2014.

[2] 李树．灭火战术基础［M］．北京：机械工业出版社，2014.

[3] 白夜，常宁．森林灭火战术［M］．北京：应急管理出版社，2022.

[4] 李树．消防应急救援［M］．北京：高等教育出版社，2011.

[5] 周俊良，陈松等．消防应急救援想定作业［M］．北京：中国矿业大学出版社，2017.

[6] 余青原．高层建筑火灾扑救想定作业［M］．北京：化学工业出版社，2023.

[7] 康青春，杨永强等．灭火与抢险救援技术［M］．北京：高等教育出版社，2015.

[8] 王长江．消防战训参谋业务［M］．北京：中国人民公安大学出版社，2014.

[9] 商靠定，夏登友等．灭火救援典型案例［M］．北京：化学工业出版社，2020.

[10] 姜连瑞，苗国典．灭火战术训练［M］．北京：应急管理出版社，2022.